W0268415

Synthese der Zellbausteine in Pflanze und Tier

Zugleich ein Beitrag zur Kenntnis der Wechsel=
beziehungen der gesamten Organismenwelt

Von

Emil Abderhalden

o. ö. Professor und Direktor des Physiologischen
Institutes der Universität Halle a. S.

Zweite, vollständig neu verfaßte Auflage

Springer-Verlag Berlin Heidelberg GmbH 1924

ISBN 978-3-662-31851-5   ISBN 978-3-662-32678-7 (eBook)
DOI 10.1007/978-3-662-32678-7

Vorwort.

Das im folgenden Dargelegte verfolgt den bescheidenen Zweck, Interesse für die Natur zu wecken und den Blick aus den Tiefen der heutigen Zeit hinauszuführen in die großen Zusammenhänge alles Geschehens.

Halle a. S., im Oktober 1924.

Emil Abderhalden.

Inhaltsverzeichnis.

— V —

Die Naturforschung dringt auf mannigfaltigen Wegen und mit
vielgestaltigen Methoden gedanklicher und technischer Natur in
die so unendlich vielfältigen Geheimnisse der Natur ein. Sie um-
geben die unbelebte und in ganz besonders hohem Grade die be-
lebte Natur. Wo wir hinblicken, stoßen wir auf Rätsel. Es gibt
keine reizvollere Aufgabe, als diesen nachzugehen und zu versuchen, der Natur möglichst viele ihrer Geheimnisse abzuringen.
Die erzielten Erfolge beeinflussen vielfach unser ganzes Leben und
wirken auf unser ganzes Dasein gestaltend. Besonders eindring-
lich zeigt dies das enge Zusammenwirken von Naturerkenntnis
und Technik. Ihr Stand spiegelt denjenigen der Forschung auf
bestimmten Gebieten der Naturforschung wieder.

Unter allen Problemen der Naturforschung fesselt unser Interesse die Frage nach der Geschichte unserer Heimat — der Erde —
und derjenigen ihrer Bewohner, seien es nun Pflanzen oder Tiere,
am meisten. Würde es gelingen, das Dunkel, das die Bildung der
Erde und das erste Auftreten von Lebewesen umhüllt, zu durchdringen, dann würden uns viele Vorgänge, die sich jetzt vollziehen, verständlicher sein. Wohl bietet uns die Natur zahlreiche Zeugen aus vergangener Zeit in Gestalt von Fossilien aller
Art, Abdrücken von Pflanzen usw., die uns ahnen lassen, wie die
Organismenwelt vor langen Zeiten beschaffen war, jedoch stoßen
wir nirgends auf eine lückenlose Kette von Organismen von den
ältesten Zeiten bis in die Jetztzeit hinein. Tier- und Pflanzenarten
kommen und vergehen. Das Blättern in der gewaltige Zeiten umfassenden Erdgeschichte ist erst in dem Augenblicke fruchtbar geworden, in dem begonnen wurde, aus den beobachteten Resten
von Organismen auf die Lebensbedingungen, unter denen sie ihr
Dasein fristeten, Rückschlüsse zu ziehen. Die Art des Gebisses
verrät uns, welcher Art die Nahrung war, von der sein Besitzer
sich ernährte. Die Ausbildung der Extremitäten verrät uns, in
welcher Art und Weise die Tiere sich fortbewegten. Das in Massen
Auftreten von Tierresten macht uns auf gewaltige Naturereignisse

aufmerksam — Klimawechsel u. dgl. Erst in neuerer Zeit ist der Zweig Paläobiologie der Naturforschung erstarkt und unter Führung von Forschern wie Walther, Abel u. A. nun im vollen Aufblühen.

Ungezählt sind die Anschauungen, die Menschengeist entworfen hat, um das Werden der so verschiedenartigen Erdrindenschichten zu erklären. Was liegen der Entstehung des Granits und anderer Gesteinsarten für Vorgänge zugrunde? Diese Frage blieb lange Zeit ohne befriedigende Antwort. Erst als man die einzelnen Mineralien einer genauen chemischen Analyse unterzog und begann, die Gesetze der physikalischen Chemie in Anwendung zu bringen, erkannte man, daß trotz der großen Mannigfaltigkeit der Gesteinsarten vielfach gemeinsame Züge zu entdecken sind. Wie in der belebten Natur relativ wenige Bausteine genügen, um eine unübersehbare Fülle von Produkten hervorzubringen, stoßen wir auch bei den Mineralien auf bestimmte Grundstoffe, die je nach den einst vorhandenen Bedingungen in bestimmter Weise und Anordnung kombiniert sind. Die Mineralogie der Neuzeit geht zielbewußt vom festen Fundament der Chemie und der physikalischen Chemie aus und zieht den Versuch im Laboratorium zur Lösung manches bisher unerklärlichen Vorganges heran (von Wolff, Gross u. a.).

Die Naturforschung begnügt sich nicht mit der Erforschung der Erdrinde. Sie dringt in das Weltall hinaus vor und sucht aus dem Verhalten anderer Weltenkörper Aufschluß über die Entstehung der Erde zu erhalten. Zugleich wird unermüdlich nach Methoden gesucht, um zu erfahren, wie es im Erdinnern aussieht. Eine Kenntnis der Zustandsformen, in der sich in den verschiedenen Tiefen des Erdballes die einzelnen Bestandteile vorfinden, und ein Erkennen ihrer Art würde neue Gesichtspunkte für ein Verständnis der Entwicklungsgeschichte der Erde ergeben. Fast hoffnungslos scheint die Lösung dieses Problems! Nun ist in neuester Zeit von einer ganz unerwarteten Seite aus die Hoffnung, das Innere unseres Erdballes kennenzulernen, neu belebt worden. Die Erdbebenforschung ist es, die hier in die Bresche springt und der Frage der Fortpflanzungsgeschwindigkeit und -art der ein Erdbeben begleitenden Erschütterungen nachgeht. Bei diesen Studien haben sich bereits höchst wertvolle Anhaltspunkte über die Beschaffenheit der einzelnen Erdschichten, begonnen vom Zentrum bis zur Peripherie, ergeben.

So ringt der Forscher in zäher Arbeit um Erkenntnisse, und gar oft muß er im Laufe der Zeiten mit den Fortschritten der allgemeinen Naturerkenntnis und der Feststellung neuer Tatsachen bescheiden anerkennen, daß Analogieschlüsse es waren, die im Siegeslaufe weite Strecken unbekannten Forschungsgebietes zu erschließen schienen, jedoch in Wirklichkeit nur eine Reihe von Erscheinungen unserem Verständnis nähergebracht haben, ohne jedoch das gestellte Problem in seinen Wurzeln klarzulegen.

Unendlich viele der durch die Jahrtausende sich folgenden und ablösenden Lebewesen haben keine Spuren hinterlassen. Sie sind gekommen und dahingegangen, ohne uns Kunde zu geben. Überall stoßen wir auf Lücken. Nur wenigen Organismenformen können wir lückenlos durch viele, verschiedenaltrige Gesteinsschichten folgen. Vielfach überrascht uns eine bestimmte Schicht mit neuen Formen. Sie brechen oft plötzlich ab, um in Schichten neueren Datums nicht wiederzukehren.

Gibt es nun gar keine Möglichkeiten, die gewaltigen Zeiträume, während der auf unserem Planeten Organismen gelebt haben, zu umspannen? Die Naturforschung geht zwei große Wege: Auf der einen Seite sucht sie in möglichst vollkommener Weise Unterschiede herauszuarbeiten, seien es nun solche morphologischer (Unterschiede im Bau des Körpers, einzelner Organe oder gar Zellen) oder funktioneller Natur. Auf der anderen Seite sucht der Naturforscher von hoher Warte aus das Gemeinsame, das die gesamte Organismenwelt umschlingt, festzustellen. Begeben wir uns zunächst auf den letzteren Weg. Vielleicht gibt er uns die Mittel an die Hand, die unendlichen Zeiträume, die seit dem Auftreten von Leben auf der Erde verstrichen sind, in gewissem Sinne auszulöschen und Gegenwartserkenntnis auf jene fernen Zeiten zu übertragen.

Vor unseren Augen spielt sich unausgesetzt ein Kreislauf von bestimmten Stoffen ab. Er weist uns die Richtung, in der wir Wechselbeziehungen zwischen den verschiedenen Organismenarten der Erde zu suchen haben. Wir werden bald erfahren, daß sie uns die Möglichkeit an die Hand geben, die Vergangenheit mit Leben zu erfüllen und eine ganze Reihe von fundamental wichtigen Fragen eindeutig zu beantworten. Zugleich heben sich mit der Besprechung der Gemeinsamkeit aller Lebewesen die Unterschiede prinzipieller Natur, die Organismenwelten trennen, um so schärfer hervor.

Schon seit sehr langer Zeit ist erkannt, daß mit Übergängen die die Erde bewohnenden Lebewesen zunächst in zwei große Reiche getrennt werden können, nämlich in das Pflanzen- und Tierreich. Beide weisen einfache und einfachste Organismen auf, d. h. Lebewesen, die aus einer oder einigen wenigen Zellen bestehen. Daneben treten Zellstaaten auf, in denen bestimmte Zellarten bestimmte Aufgaben übernommen haben. Das, was sich bei der Einzelzelle auf kleinstem Raum gemeinsam vollzieht — Nahrungsaufnahme, ihre Verarbeitung, Bildung von zahlreichen Stoffwechselzwischen- und -endprodukten, die Ausscheidung der letzteren —, wird in vieler Hinsicht auf bestimmte Zellverbände, Organe genannt, verteilt. Es treten besondere Einrichtungen für besondere Aufgaben auf. So treffen wir in der Tierreihe auf besondere Apparate, die dazu dienen, die Bestandteile der Nahrung in eine Form zu bringen, die den einzelnen Zellen vertraut ist. Es geschieht dies im Verdauungskanal, in den sich aus besonderen Drüsen Verdauungssäfte ergießen. Andere Zellarten dienen der Entfernung von Stoffwechselendprodukten — Kiemen, Lungen, Nieren. Wieder andere dienen der Fortbewegung (Muskeln) usw. Damit allen Zellen beständig Nahrungsstoffe und insbesondere der so wichtige Sauerstoff zugeführt und ferner Stoffwechsel- zwischen- und -endprodukte weggeholt werden können, hat sich ein sehr kompliziertes Kanalsystem herausgebildet, in dem eine besondere Flüssigkeit kreist — das Blut bzw. die Lymphe. Be- sondere Einrichtungen dienen dazu, diese in Bewegung zu halten. Für den Blutkreislauf ist das Herz der Motor. Zahlreiche Zellen dienen dem Schutze des Organismus. Hierher gehören mannig- faltige Einrichtungen der Haut, ferner die Sinnesorgane, die darüber hinaus der Orientierung im Raume usw. dienen.

Beherrscht wird der ganze Zellstaat von besonderen Organ- systemen, nämlich dem Zentralnervensystem mit all seinen kom- plizierten Einrichtungen, und ferner von bestimmten Stoffen, die von bestimmten Zellarten hervorgebracht werden und für Funktionen anderer Gewebe von entscheidender Bedeutung sind. Alle Organe eines Organismus stehen in innigen Wechselbeziehungen zuein- ander. Es lebt keine Zellart für sich allein, alle Zellen bilden trotz zum Teil getrennter Aufgaben eine Einheit. Alle haben be- stimmte gemeinsame Grundfunktionen und darüber hinaus noch besondere Leistungen. Jede Zelle verbraucht Sauerstoff und bringt Kohlensäure hervor. In jeder Zellart finden sich bestimmte physikalisch-chemische Bedingungen, hervorgebracht durch die Wechselbeziehungen der Zellinhaltsstoffe zueinander.

Wir treffen in jeder Zelle auf Eiweißstoffe, Kohlenhydrate, Fette, Phosphatide, Sterine, Mineralstoffe, Wasser. Allen diesen Stoffen ist ein bestimmter Zustand eigen. Er ist abhängig von der allgemeinen Konstellation der einzelnen Zellbestandteile zueinander. So finden wir neben Ionen Salze und diese, wie erstere, kombiniert mit organischen Stoffen in kolloidem Zustand. In diesen winzigen Laboratorien vollziehen sich fortgesetzt umfassende Umsetzungen der mannigfaltigsten Art. In jedem Augenblick würden sich die in den Zellen vorhandenen Bedingungen nach den verschiedensten Richtungen ändern, wenn nicht unausgesetzt Einrichtungen in Funktion wären, die dafür sorgen, daß ständig Gegenmaßnahmen ergriffen werden. So hält die Zelle ihre Reaktion innerhalb enger Grenzen fest. Der Zellinhalt weist nicht bald eine saure, bald alkalische, bald neutrale Reaktion auf, vielmehr wird im allgemeinen ständig ein ganz kleiner Überschuß an Hydroxylionen festgehalten. Das ist nur möglich, weil die Zellen über Einrichtungen verfügen, die einer Zunahme von OH- bzw. H-Ionen entgegenwirken. Jede Zellart hält ferner zäh an der Qualität und Quantität der am Aufbau ihres Protoplasmas und ihres Kernes beteiligten Stoffe fest. Sie zeigt in dieser Richtung bestimmte charakteristische Merkmale, die ihr den Stempel der Art, der sie angehört, aufdrücken. Darüber hinaus besitzt sie Eigentümlichkeiten, die mit ihrer besonderen Funktion zusammenhängen.

Erkennen wir im kompliziert zusammengesetzten, aus Organen bestehenden Organismus bereits eine Zusammenfassung aller Zellarten zu einer gemeinsamen, allen Leistungen übergeordneten Funktion, nämlich der Erhaltung des Lebens und der Einordnung aller Einzelfunktionen in ein großes, gemeinsames Ganzes, so ergeben sich die gleichen Gesichtspunkte auch für die einzelne Zelle mit ihren Inhaltsstoffen. Auch diese stehen in Wechselbeziehungen zueinander. Jeder Vorgang in einer Zelle bedingt andere. Durch Selbststeuerung wird die Tätigkeit der einzelnen Zellen in ganz bestimmter Richtung festgehalten. Beständig treffen ferner von außen Impulse, Anregungen zu bestimmten Leistungen ein, seien diese nun durch Nerven übermittelt oder durch die Zuführung bestimmter Reizstoffe durch das Blut bedingt.

Im Pflanzenreich treffen wir ebenfalls auf eine differenzierte Verteilung bestimmter Aufgaben auf besondere Gewebe. Besondere Zellen dienen der Aufnahme von Kohlensäure und deren Verarbeitung. Andere Zellarten übernehmen die Speicherung von Reservestoffen, wieder andere dienen der Stoffverteilung in der Pflanze, der Wasserzufuhr usw. Auch in der Pflanze herrscht trotz mannigfaltiger Zellarten ein gemeinsamer Funktionsplan. Die einzelne Zelle enthält im Prinzip die gleichen Stoffe wie die Tierzelle. Die fundamentalen Eigenschaften und Funktionen der Zellinhaltsstoffe sind die gleichen.

Tier- und Pflanzenreich scheinen auf den ersten Blick eine vollständig verschiedene Organismenwelt darzustellen. Der Umstand, daß die Tiere in ihrer überwiegenden Anzahl frei beweglich sind, während den Pflanzen besondere Organe zur Fortbewegung im allgemeinen fehlen, genügt nicht, um Pflanze und Tier zu trennen. Es gibt in beiden Reichen Ausnahmen. Sie fallen allerdings fort, sobald die höher entwickelten Pflanzen und Tiere zum Vergleich herangezogen werden. Vergleicht man den Aufbau des Pflanzen- und Tierorganismus rein morphologisch, dann ergeben sich sofort bedeutsame Unterschiede. Zieht man die chemische Zusammensetzung von Pflanze und Tier zum Vergleich heran, dann erkennt man, daß die Pflanze ganz allgemein viel mannigfaltigere Verbindungen der Klasse der stickstofffreien Kohlenstoffverbindungen aufweist als der tierische Organismus. Vor allen Dingen verwendet die Pflanze Kohlenhydrate zu den mannigfaltigsten Zwecken. Überall da, wo mechanische Funktionen zu erfüllen sind, stoßen wir auf Zellulose und dieser verwandte Verbindungen. In besonders großem Ausmaße stoßen wir auf diese Kohlenhydratarten im Holz, in dem neben der Zellulose eigenartige zyklische Verbindungen, Ligninsubstanzen genannt, eingelagert sind. Im Tierorganismus treten die Eiweißstoffe in den Vordergrund. Er verwendet zu mechanischen Zwecken, sofern nicht Knochensubstanz zur Anwendung kommt, eigenartig gebaute Eiweißstoffe. So bestehen die elastischen Fasern aus Eiweiß. Sie können in elastischen Bändern, wie z. B. im Nackenband, in großen Mengen auftreten. Auch im Bindegewebe, im Knorpel usw. treffen wir auf bestimmte Eiweißarten. In geradezu verschwenderischer Weise wird Eiweiß in Form von Keratinsubstanzen zu allen möglichen Zwecken und Gebilden verwendet. Es sei in dieser Richtung auf die Haare, die Federn, die Geweihe, die Hörner, Hufe, die gewaltigen Platten der Wale usw. hingewiesen.

Besonders interessant ist die Verwendung von Eiweiß zur Bildung von Gespinsten. Die Spinnen bauen aus Eiweißsubstanz ihre Netze. Die Gespinste der Raupen bestehen aus Eiweiß. Endlich treffen wir bei manchen Muscheln auf Substanzen, mit Hilfe derer sie sich anheften und die gleichfalls aus Eiweiß aufgebaut sind. Alle diese Produkte haben einen sehr ähnlichen Aufbau, und doch finden sich in Einzelheiten bestimmte Unterschiede. Das Spinngewebe der Seidenraupe, der prachtvoll glänzende Spinnfaden der großen Vogelspinne (Nephila madagascariensis) und der Byssus von Mytilus, Modiola, Pinna, Pecten und andere Muschelarten sind nicht nur in ihrem Aussehen verwandt, viel-mehr zeigen sich auch in ihrem chemischen Aufbau viele Ähnlich-keiten.

Viel bedeutungsvoller ist der Umstand, daß Tier und Pflanzenreich in ihrem ganzen Stoffwechsel viele Ähnlichkeiten und daneben fundamental wichtige Unterschiede zeigen. Das Studium der letzteren war es vor allen Dingen, das dazu geführt hat, die innige Zusammenarbeit zwischen Pflanzen- und Tierwelt aufzudecken. Die Pflanze ver-fügt mit wenig Ausnahmen über besondere Zellarten, in denen bestimmte Farbstoffe eingelagert sind. Die meisten Pflanzen zeigen grüne Farbstoffe in Blättern, Stengeln usw. Diese Farb-stoffgruppe, Chlorophyll genannt, ist schon seit sehr langer Zeit bekannt. Es bedurfte jedoch vieler eingehender Unter-suchungen, um ihre Bedeutung für den Pflanzenorganismus klarzu-stellen und herauszubekommen, welche Funktion das Chlorophyll im einzelnen erfüllt. Die Forscher Senebier, Ingenhouss (1771) und Saussure (1804) erkannten wohl zum erstenmal ganz klar, daß die Pflanzen mittels des genannten Farbstoffes Kohlen-säure, die sie aus der Luft aufgenommen haben, unter Abspaltung von Sauerstoff in Kohlenstoffverbindun-gen verwandeln. Damit war ein Vorgang festgestellt, den man als den Angelpunkt für das Dasein sämtlicher Organismen der Erde bezeichnen kann.

Im Laufe der Zeit sind immer mehr Einzelheiten über die näheren Vorgänge bei der Kohlensäureassimilation bekannt geworden, ohne daß es jedoch bis heute geglückt wäre, den ganzen Vorgang restlos aufzuklären oder gar ihn nachzuahmen. Fassen wir alles, was wir zur Zeit wissen, zusammen, dann ergibt sich das folgende Bild: Der Blattfarbstoff ist nicht einheitlich. Neben zwei Chlorophyllarten findet sich ein ungesättigter Kohlenwasserstoff, das Karotin und das ihm verwandte Xanthophyll. Chlorophyll besitzt einen sehr komplizierten Bau. Es enthält stickstoffhaltige Ringsysteme (Pyrrolringe). Das Chlorophyll enthält außer dem Kohlenstoffgerüst Magnesium. Diesen wichtigen Befund verdanken wir Richard Willstätter. Ihm gelang es auch, die Struktur des Chlorophylls weitgehend aufzuhellen. Ferner glückte es ihm, eine Hypothese von A. v. Baeyer über den ersten Vorgang der Kohlensäureassimilation durch tatsächliche Befunde abzulösen. A. v. Baeyer stellte sich vor, daß bei der Kohlensäureassimilation als erstes Produkt Formaldehyd entstehe. Die folgende Formel gibt den ganzen Vorgang wieder:

$$C{<}^{O}_{O} \; + \; ^{H}_{H}{>}O \; \rightarrow \; O{=}C{<}^{OH}_{OH} \; \rightarrow \; H \cdot C{<}^{O}_{H} \; + \; O_2 .$$

Kohlensäure   Wasser   Kohlensäure-   Formaldehyd   Sauerstoff
hydrat

Willstätter konnte es im höchsten Maße wahrscheinlich machen, daß die Kohlensäure zunächst mit dem Chlorophyll eine Verbindung eingeht, worauf dann die Umwandlung in Formaldehyd unter Abspaltung von Sauerstoff sich vollzieht. An der Bindung der Kohlensäure ist das Magnesium beteiligt.

Der erwähnte Vorgang bedarf der Energiezufuhr! Nun zeigt ein einfacher Versuch, daß die Chlorophyll führende Pflanze nur dann Kohlensäure verbraucht und Sauerstoff ausscheidet, wenn sie dem Sonnenlicht ausgesetzt ist. Während der Nacht atmet die Pflanze genau so wie das Tier Kohlensäure aus und verbraucht Sauerstoff. Am Tage wird dieser Anteil des Gesamtstoffwechsels der Pflanze durch den Vorgang der Kohlensäureassimilation verdeckt! In Wirklichkeit vollziehen sich in den Zellen der Pflanzen ständig gleiche Vorgänge wie im tierischen Organismus, d. h. es wird immer Sauerstoff verbraucht und Kohlensäure hervorgebracht.

Der Einfluß des Lichtes auf die Kohlensäureassimilation läßt sich nicht nur an Hand von Gaswechselversuchen erbringen, wobei man eine Pflanze in einen Raum einschließt, in dem kein Gas ein- noch austreten kann, ohne daß derjenige, der den Versuch überwacht, genaue Kenntnis über die Art und die Menge der zu- und weggeführten Gase erhält, und verfolgen kann, welche Gase in ihrer Menge eine Veränderung erleiden, sondern auch durch einen

Versuch der folgenden Art: Es wird z. B. das Blatt einer Pflanze zum Teil mit Stanniol umhüllt. Der Zweck dieser Vorrichtung ist, die Lichtstrahlen abzuhalten. Den Rest des Blattes läßt man unbedeckt. Nun setzt man das ganze Blatt dem Sonnenlicht aus. Nach einiger Zeit wird das Stanniol entfernt. Die Farbstoffe werden dem ganzen Blatte entzogen. Nunmehr betrachtet man unter dem Mikroskop das Aussehen des bedeckten und des unbedeckten Anteiles des Blattes. Man erkennt in dem unbedeckten Anteil eigenartig geschichtete Körner, die man durch Jod (Einwirkenlassen einer Lösung von Jod-Jodkalium) tiefblau färben kann. Der Teil des Blattes, zu dem kein Lichtstrahl zugelassen wurde, zeigt entweder gar keine Färbung mit der Jod-Jodkalium- lösung oder nur vereinzelte blaue Körnerchen[1]). Das blaugefärbte Produkt ist schon längst als eine komplizierte Kohlenhydratverbindung erkannt. Es hat den Namen S t ä r k e = A m y l u m erhalten.

Wir können mit diesem einfachen Versuch eine der grundlegendsten Synthesen der ganzen Natur unmittelbar verfolgen. Die Chlorophyll besitzende Zelle entnimmt aus der Luft Kohlensäure; im nächsten Augenblick tritt uns das Stärkekorn entgegen! Es ist im höchsten Maße unwahrscheinlich, daß der Aufbau der im Stärkekorn vereinigten Verbindungen mit einem Schlage aus Kohlensäure erfolgt. Es müssen vielmehr zahlreiche Zwischenverbindungen angenommen werden. Ein erstes Assimilationsprodukt ist der Formaldehyd. Mehrere Moleküle davon vereinigen sich zu kohlenstoffreicheren Verbindungen. So könnten 6 Moleküle Formaldehyd Traubenzucker ergeben, der dann seinerseits Baustein der Stärkeanteile sein könnte. Nach neueren Untersuchungen über die Struktur der Polysaccharide, d. h. der Kohlenhydrate, in denen eine größere Anzahl von einfachsten Zuckern vereinigt sind, eröffnet sich die Möglichkeit, daß ihr Aufbau bedeutend weniger kompliziert ist, als allgemein angenommen wurde. Es scheint, daß 2 Moleküle Traubenzucker unter sich unter Wasseraustritt gebunden und darüber hinaus unter Anhydridbildung zu einem Ring zusammengeschlossen sind. In den zusammengesetzten Kohlenhydraten wiederholen sich diese Anhydridsysteme. Vielleicht sind es Nebenvalenzen, die sie zusammenhalten. Es würde in diesem Falle als Grundproblem die Bildung der erwähnten Anhydride verbleiben. Ihr

---

[1]) Diese entstammen der Zeit vor der Bedeckung mit Stanniol!

Zusammenschluß zu einem Konglomerat vieler Elementarkörper wäre abhängig von den vorhandenen Bedingungen. Die Forschungen von H. Pringsheim, Karrer, Hess u. A. haben in den letzten Jahren die Auffassung über die feinere Struktur der zusammengesetzten Kohlenhydrate ganz wesentlich vereinfacht.

Der Umstand, daß die Pflanze Sonnenenergie zur Synthese organischer Substanzen, d. h. von Kohlenstoffverbindungen, verwenden kann, gibt ihr gegenüber dem tierischen Organismus eine Sonderstellung. Die Pflanze ist durch den erwähnten Vorgang in der Natur die Führerin. Kein tierischer Organismus vermag aus Kohlensäure organische Substanz aufzubauen. Wir treffen mit dieser Feststellung auf die hochbedeutsame Tatsache, daß das tierische Leben vollständig von demjenigen der Pflanzenwelt abhängig ist! Dieser Umstand läßt uns bereits einen Rückblick auf die ersten Bewohner der Erde tun. Es ist denkbar, doch wenig wahrscheinlich, daß Pflanze und Tier gleichzeitig auf der Erde aufgetreten sind. Wahrscheinlicher ist, daß zunächst Organismen vorhanden waren, die unter einfachsten Bedingungen leben und Kohlensäure unter Verwendung von Sonnenenergie assimilieren konnten, es sei denn, daß dereinst auf der Erde und ihrer Umgebung vollständig andere Bedingungen geherrscht haben als heute. Solange jedoch Sonnenenergie die Erdoberfläche bestrahlt hat und Kohlensäure in der Lufthülle der Erde zugegen war, dürfte genau der gleiche Vorgang, den wir heute an Pflanzen beobachten können, sich auch vor vielen Jahrtausenden vollzogen haben; nur ist es wahrscheinlich, daß es Perioden gab, in denen die Luft reicher an Kohlensäure war, und damit Bedingungen zu einem ganz besonders lebhaften Pflanzenwachstum gegeben waren.

In diesem Zusammenhang ist es besonders interessant und bedeutungsvoll, daß es auch heute noch einfachste Lebewesen gibt, die aus Karbonaten Kohlensäure in Freiheit setzen und verwenden und außerdem mit dem freien Stickstoff der Luft auskommen. Vielleicht sind diese Lebewesen einst die Pioniere für die allmähliche Entstehung der an Formen so außerordentlich reichen Organismenwelt der Erde gewesen. Noch heute vollzieht sich vielleicht im kleinen Maßstabe genau dasselbe, was vor vielen Jahrtausenden in großem Umfange stattgefunden hat.

Verlassen wir die mit Pflanzen und Tieren in reichem Maße und in einer kaum übersehbaren Fülle von Formen versehene Ebene, und steigen wir in immer größere Höhen empor, dann wandelt sich vor unseren Augen die ganze Fauna. Mehr und mehr treten die großen Formen der Tier- und vor allen Dingen der Pflanzenwelt zurück. Schließlich lassen wir die Bäume hinter uns. Wir treffen noch einige niedrige, strauchartige Gebilde, und schließlich haben wir auch für sie die Bedingungen ihres Daseins überschritten. Eine besonders gesättigtgefärbte Flora umgibt uns. Blumenteppiche kleiner und kleinster Formen treten uns entgegen und erfreuen unser Auge. Schließlich werden auch diese Zeugen mannigfaltiger Lebenstätigkeit immer seltener. Wir geraten auf totes Geröll und endlich in Eis und Schnee. Alles Leben scheint erloschen. Bei genauerem Hinsehen, namentlich unter Zuhilfenahme starker Vergrößerungen, bemerken wir, daß auch in diesen Höhen noch Leben herrscht! Der scheinbar allen Witterungseinflüssen trotzende Fels ist in Wirklichkeit dem Zahn der Zeit nicht gefeit. Die Kohlensäure der Luft tritt in Wettkampf mit der Kieselsäure und sucht dieser die Basen streitig zu machen, mit denen sie verbunden ist. Da, wo sie der Kieselsäure gegenüber in größeren Mengen auftreten kann, verdrängt sie, dem Massenwirkungsgesetz folgend, diese. Es bilden sich Karbonate. Bald da, bald dort entsteht im Fels ein kleiner Spalt. Er wird von Wasser ausgefüllt; dieses gefriert und taut wieder auf. Die dabei wirksamen mechanischen Einflüsse wirken im Laufe der Zeit auch lockernd auf das Gestein. Es vollzieht sich das, was wir Verwitterung nennen.

Mit dem Verwitterungsprozeß ist bereits der Boden für bestimmte einfachste Lebewesen geschaffen. Sie werden offenbar mit der Luft, die in gewissem Sinne auch „lebt", d. h. ständig Lebewesen in sich enthält, und zwar in Gestalt der Organismen, die ihr ständig von der Erde aus durch Luftströmungen zugeführt werden, an solche Stellen geführt und beginnen, nachdem sie sich festgesetzt haben, ihre Assimilationsvorgänge. Aus der Luft entnehmen sie Kohlensäure und freien Stickstoff. Es stehen ihnen ferner Wasser und Mineralstoffe zur Verfügung. Kohlensäure kann von einzelnen dieser Zellen auch aus Karbonaten aufgenommen werden. Die Zellen leben nicht nur für sich, vielmehr tritt bald Vermehrung auf. Manche Beobachtungen sprechen dafür, daß in den Zellen Stoffe vorhanden sind, die bei ihrem

Absterben in Freiheit gesetzt auf die Vermehrung anderer Zellen anregend wirken.

Im Laufe der Zeit gehen manche dieser Zellen zugrunde. Ihre Leichen verfallen. Die kunstvoll aufgebauten Zellbestandteile werden in ihre Bausteine und darüber hinaus zum großen Teil wieder in jene Grundstoffe übergeführt, von denen aus die Zelle während ihres Lebens ihren Zelleib aufgebaut und ihren Stoffwechsel unterhalten hat. Neue Zellen finden Daseinsbedingungen. Aus den stickstoffhaltigen Bestandteilen der Zellen geht nach mehrfachen Umwandlungen Ammoniak hervor. Es kommt mit diesem gebundener Stickstoff in das mikroskopisch kleine Kulturland auf irgend einer Felszacke.

Es entstehen ganz neue Bedingungen in dem Boden, und zwar veranlaßt vor allen Dingen durch seinen Gehalt an gebundenem Stickstoff. Nunmehr können andere Organismenarten sich ansiedeln, für die bis dahin die Existenzbedingungen fehlten. Die ersten Ansiedler erhalten Zuzug von ganz andersartigen Organismen, die vielleicht sehr bald die ersteren verdrängen und ganz überwuchern. So löst eine Organismenart die andere ab. Immer weitere „Gesteinstrecken" werden urbar gemacht. Schließlich entsteht einheitlicher Boden. Neben die einzelligen Lebewesen sind Organismen getreten, in denen, wie bereits geschildert, eine Arbeitsteilung erfolgt ist, d. h. es treten Lebewesen auf, die aus einem Zellstaat bestehen. Wir treffen, angepaßt an die besonderen Verhältnisse, zunächst auf Pflanzen, die wenig Ansprüche stellen. Wir begegnen Algen und Pilzen und schließlich auch Flechten. Immer mehr wird beim Absterben dieser komplizierten Gebilde gebundener Stickstoff in den Boden übergeführt. Schon längst hat die Sonnenenergie ihren Einfluß geltend gemacht. Es sind Zellen mit Chlorophyll vorhanden, die die gespendete Energie zu verwenden wissen. Immer reicher wird die Fauna. Den Pflanzen sind Tiere gefolgt. Aus den einfachsten Anfängen hat sich eine kleine Oase entwickelt, auf der sich ungezählte Tierarten tummeln und bereits eine reiche Fülle von Alpenpflanzen gedeiht. Ein schwerer Gewitterregen oder eine umfassende Schneeschmelze, und das kleine Eiland wird über die Felsen hinuntergespült und in der Tiefe befindlichem Lande angegliedert!

Vielleicht gibt das entrollte Bild, übertragen auf gewaltige Zeiträume, die allmähliche Entwicklung des Lebens auf der Erde wieder. Wir dürfen allerdings dabei einem gewaltigen Rätsel nicht ausweichen, nämlich dem der Herkunft der ersten Lebewesen. Wenn in der Jetztzeit der eben geschilderte Vorgang sich vollzieht, dann sind auf der Erdoberfläche alle jene Organismen bereits vorhanden, die ein Windhauch auf die großen Höhen führt. Auch alle Nachkömmlinge sind in der allgemeinen Natur bereits vertreten. Es handelt sich nicht um eine Entstehung von Zellen und damit von Leben aus dem Nichts heraus, und auch nicht etwa direkt aus der unbelebten Natur, vielmehr bleibt als einstweilen unerschüttertes Gesetz, daß jede Zelle von einer bereits vorhandenen herstammt. Ob dieses Gesetz wirklich unerschütterlich ist, muß die weitere Forschung zeigen. Anerkennen wir seine Gültigkeit, dann ist alles Forschen nach der Herkunft des Lebens unnütz. Der Forscher kennt jedoch keine Grenzen für seine Forschung. Er soll voraussetzungslos allen Problemen nachgehen. Wir dürfen vor einem so fundamental wichtigen Problem, wie dem der Herkunft des Lebens, nicht haltmachen. Einstweilen müssen wir uns der Tatsache beugen, daß eine Entstehung von Lebewesen direkt aus der unbelebten Natur nie beobachtet werden konnte. Das ist der Grund, weshalb die Naturforscher immer wieder Ausschau nach der Möglichkeit der Überführung von Lebewesen von anderen Himmelskörpern auf die Erde gehalten haben. Es sind wohl mancherlei kühne Theorien aufgestellt worden, keine einzige davon wirkt jedoch überzeugend. Auch könnte nur immer die Übertragung von sehr widerstandsfähigen, einfachsten Organismen in Frage kommen. Das Problem der Herkunft des Lebens wird dabei natürlich nicht gelöst, sondern nur auf andere „Welten" verschoben. Vor allem bleibt bei der Annahme, daß die ganze bunte Fauna mit ihren so mannigfaltigen Formen von einfachsten Zellen ihren Ausgangspunkt genommen habe, das gewaltige Rätsel der Ursache ihrer Entwicklung und der Wege, die sie eingeschlagen hat.

Es ist für den Fortschritt der Forschung von größter Bedeutung, daß in jedem Augenblick klar erkannt wird, wo die Grenzen des Erkennens sich befinden. Wir dürfen niemals Theorien und Hypothesen so mit tatsächlichen Befunden vereinigen, daß sie nur noch dem besten Kenner erkennbar sind, vielmehr müssen bloße Anschauungen, die mit den Zeiten wechseln, immer als solche kenntlich bleiben. Es gilt dies ganz besonders für die mannigfaltigen Vorstellungen, die über die Abstammung der einzelnen Tierarten und insbesondere auch des Menschen im Laufe der Zeit entwickelt worden sind. Tatsache bleibt zunächst, daß aus naheliegenden Gründen der Beweis für eine bestimmte Abstammungslehre nicht erbracht worden ist und auch nach dem jetzigen Stande der Wissenschaft nicht zu erbringen ist. Auch die Paläobiologie hat die erwarteten Bindeglieder zwischen den einzelnen Organismenarten, wie bereits eingangs betont, nicht aufgefunden. Wir haben nicht in den ältesten Gesteinsschichten Zeugen einer primitiven Organismenwelt und dann aufsteigend von Zeitraum zu Zeitraum eine sich immer höher entwickelnde Fauna. Daß die allereinfachsten Organismen keine Spuren hinterlassen haben, ist durchaus verständlich. Nicht begreiflich ist vom Gesichtspunkte einer Fortentwicklung der Organismenwelt aus einfacheren Formen zu höchster Entwicklung das Verschwinden mancher schon recht kompliziert gebauter Arten und das plötzliche Auftauchen ganz neuer Formen, während andere, wie z. B. einige Schneckenarten, sich durch gewaltige Zeiträume hindurch unverändert erhalten haben.

Wir sind gewohnt, gewisse Naturvorgänge, wie z. B. chemische Reaktionen, je nach den vorhandenen Bedingungen verschieden rasch und auch unter Umständen in verschiedener Richtung ablaufen zu sehen. Wir können uns wohl vorstellen, daß zwei Verbindungen, die zusammen in Reaktion treten, zu verschiedenen Endprodukten führen, je nach den Umständen, die gerade vorliegen. Wir können z. B. durch Veränderung der Reaktion des Mediums, in dem sie sich vollzieht, einen Einfluß auf ihren Verlauf ausüben. Von diesem Gesichtspunkt aus könnten wir verstehen, daß im Laufe der Zeit, in der bestimmt große Veränderungen in den Lebensbedingungen für die Organismenwelt sich vollzogen haben, bestimmte Lebewesen ausgestorben sind, während andere sich durchgesetzt haben. Auch wäre es denkbar, daß bei allmählich fortschreitender Veränderung der Lebensbedingungen bestimmte Anpassungen sich eingestellt hätten. Sehr schwer verständlich ist jedoch, daß der ungeheure Reichtum an Formen sich erhalten hat. Es hat nicht eine Form die andere abgelöst, vielmehr ist aus unbekannter Ursache eine große Mannigfaltigkeit entstanden und erhalten geblieben. Auch heute noch können wir Anpassungsvorgänge mannigfaltiger Art feststellen und bei niederen Organismen, wie. z. B. bei den Flagelaten, Beziehungen zu anderen Faunaarten verfolgen und da und dort

Anhaltspunkte für mögliche gemeinsame Stammbäume einer Reihe von Organismen entdecken, nirgends enthüllt uns jedoch die Natur die Rätsel der Entstehung des Formenreichtums völlig.

Kehren wir nun zurück zu den Leistungen der Chlorophyll enthaltenden Pflanzen. Da es bis heute nicht geglückt ist, mit dem Blattfarbstoff selbst unter Einwirkung von Sonnenenergie, die gleichen Wirkungen zu erzielen, wie sie jenen Zellen gegeben sind, in denen der erwähnte Farbstoff enthalten ist, so ergibt sich, daß in diesen Bedingungen sich geltend machen, die uns noch unbekannt sind.

Die Sonnenenergie, die zur Synthese organischer Substanz unter Reduktion von Kohlensäure Verwendung findet, geht bei dem ganzen Vorgang nicht verloren, vielmehr ist sie in anderer Form in den gebildeten Substanzen vorhanden. Diese Feststellung ist von grundlegender Bedeutung. Das Gesetz der Erhaltung der Energie gilt im ganzen Weltall. Weder in der belebten noch in der unbelebten Natur kann Energie verschwinden oder aus dem Nichts hervorgehen. Die Energie kann mannigfaltige Formen annehmen. Ihre gesamte Menge bleibt sich jedoch ewig gleich.

Gehen wir zunächst einmal der Tatsache nach, daß der Chlorophyll führende Organismus einzig und allein in der Lage ist, Sonnenenergie zu verwenden und zu speichern, dann stoßen wir sofort auf einen fundamental wichtigen Befund. Auch der tierische Organismus oder, besser ausgedrückt, alle Organismen, die jener Einrichtungen entbehren, die eine direkte Verwendung von Sonnenenergie ermöglichen, bedürfen zu ihren Leistungen der Energie[1]). Woher stammt diese?

Betrachten wir zunächst den tierischen Organismus und seine Leistungen, dann stoßen wir überall auf Bewegungsvorgänge. Auch dann, wenn ein Organismus seßhaft ist, zeigt er dennoch Bewegung. Bald werden Protoplasmaarme ausgesandt und wieder eingezogen, oder es werden Flimmerhaare bewegt oder Fangarme ausgestreckt usw. usw. Es ist kein Bewegungsvorgang denkbar ohne Vorhandensein von Energie. Neben Energie für dynamische Leistungen bedürfen viele Tiere der Energie in Form

---

[1]) Es gibt auch Pflanzen, denen der Blattfarbstoff fehlt. Sie sind als Saprophyten bzw. Parasiten bekannt, d. h. sie leben genau so, wie der tierische Organismus auf Kosten von organischer Substanz, die die Chlorophyll führenden Pflanzen bereitet haben.

von Wärme. Betrachten wir beispielsweise unseren Organismus. Wir haben beständig eine Körpertemperatur, die nur innerhalb enger Grenzen schwankt. Sie ist im allgemeinen wesentlich höher als die Temperatur der Umgebung. Nun ist unser Organismus nicht so gut isoliert, daß er eine einmal vorhandene Temperatureinstellung ständig beibehalten könnte, vielmehr findet ununterbrochen ein Wärmewechsel statt. Es wird Wärme teils durch Strahlung, teils durch Leitung abgegeben. Dazu kommt, daß ununterbrochen größere Wärmemengen durch Verdunstung von Wasser dem Körper entzogen werden. Wenn wir Luft einatmen, die nicht mit Wasserdampf gesättigt ist, dann wird das auf dem Wege nach den Lungen nachgeholt. Von der Nasen-, Rachen-, Kehlkopf- und Luftröhrenschleimhaut aus wird Wasserdampf abgegeben, so daß die Luft mit Wasserdampf gesättigt in die feineren Verästelungen der Bronchien eintritt. Ferner wird ständig Wasser von der Haut aus verdunstet; allerdings erst dann in größerem Umfange, wenn die Schweißdrüsen in Funktion treten. Doch auch das genügt an und für sich nicht. Jedermann weiß, daß die Schweißbildung als solche keine Erleichterung bei vorhandener großer Außen- oder auch Innentemperatur bedeutet. Erst dann, wenn die Verdunstung hinzutritt, d. h. wenn Wärme gebunden wird, kommt es zur Entlastung.

Der Umstand, daß manche tierische Organismen ihre Körpertemperatur unter den verschiedensten Außen- und Innenbedingungen in engen Grenzen festhalten, hat die Forschung schon seit langer Zeit beschäftigt. Das Studium des Wärmehaushaltes hat ergeben, daß von einem Zentrum im Zentralnervensystem, dem sogenannten Wärmezentrum aus die Wärmebildung und -abgabe in bestimmter Weise geregelt wird. Es kommt namentlich dann, wenn Muskelarbeit geleistet wird, zu einer vermehrten Wärmebildung innerhalb des Organismus. Damit die gesamte Körpertemperatur die normalen Grenzen nicht überschreitet, muß für eine entsprechende Wärmeabgabe gesorgt werden. Es wird das Blut der Außenwelt in einer großen Fläche entgegengestellt, indem die Blutgefäße der Haut sich erweitern. Es wird dadurch die Wärmeabgabe durch Strahlung befördert. Wenn es notwendig ist, treten auch die Schweißdrüsen in Funktion und bewirken, daß rasch große Wärmemengen gebunden werden. Ist unser Körper größerer Kälte ausgesetzt, dann muß unser Organismus dafür sorgen, daß möglichst wenig Wärme verlorengeht. Die Schweißdrüsen stellen ihre Funktion ganz ein. Die Blutgefäße der Haut sind eng. Genügt die Verringerung der Wärmeabgabe nach außen nicht, dann kommen Maßnahmen zur Geltung, die die Wärmebildung innerhalb des Körpers steigern. Von dem erwähnten Zentrum aus können Organe zur vermehrten Wärmebildung angeregt werden. Im Wesentlichen sind es die Muskeln, die durch Betätigung zu einer umfassenderen Wärmebildung führen.

Die einzelne Körperzelle bedarf zu verschiedenen chemischen Vorgängen ebenfalls der Energie. Es finden, wie wir bald erfahren werden, ständig Synthesen statt. Es sei ein besonders interessantes Beispiel angeführt: Durch die Forschungen von Hill und Meyerhof ist die Annahme, daß die Muskeln die Möglichkeit besitzen, die in den organischen Nahrungsstoffen enthaltene Energie direkt zu verwenden, endgültig als richtig erwiesen worden. Sie wird aus den organischen Nahrungsstoffen und insbesondere aus Kohlenhydraten nicht zuerst in Wärme und dann in Arbeitsenergie übergeführt, vielmehr wird die chemische Energie direkt in Arbeitsenergie verwandelt. Die Muskeln sind somit nicht mit kalorischen Maschinen zu vergleichen.

Es hat sich nun gezeigt, daß die Muskelzellen die zur Arbeitsleistung notwendige Energie ganz bestimmten Ausgangsmaterialien entnehmen, und zwar stehen diese offenbar in engster Beziehung zum Traubenzucker. Ohne Verwendung von Sauerstoff wird durch Spaltung von Molekülen Energie in Freiheit gesetzt und verwendet. Es entsteht dabei Milchsäure. Folgt auf die Arbeitsperiode die Zeit der Erholung, dann bemerkt man, daß die Muskelzellen lebhaft Sauerstoff verbrauchen und Kohlensäure entwickeln. Gleichzeitig ist auch vermehrte Wärmebildung feststellbar. Dieses Phänomen war ein ganz unerwartetes. Man war der Meinung, daß während der Muskelarbeit viel Sauerstoff Verwendung finde, weil, wie wir noch erfahren werden, erst mit seiner Hilfe der Energievorrat der organischen Nahrungsstoffe vollständig ausgeschöpft werden kann. Die direkte Beobachtung hat, wie schon erwähnt, ergeben, daß diese Vorstellung den Tatsachen nicht entspricht. Was bedeuten nun der auffällige Sauerstoffverbrauch und die Wärmeentwicklung in der Erholungszeit? Meyerhof konnte zeigen, daß die entstandene Milchsäure zum Teil zu Kohlensäure und Wasser oxydiert wird. Dabei wird Energie frei. Diese wird nun zum Aufbau jenes Ausgangsmaterials verwendet, das den Muskelzellen Arbeitsenergie liefert. Die Synthese dieses Produktes geht von der Milchsäure aus. Wir stehen einem außerordentlich interessanten Phänomen gegenüber. Die Muskelzellen bilden Milchsäure, verwenden dann einen Teil davon zur Energielieferung, mit der dann ein weiterer Teil der Milchsäure unter Energieaufnahme zu einem größeren Molekül aufgebaut wird. Diese interessante Beobachtung zeigt uns, daß die Zellen des tierischen Organismus wohl imstande sind, Energie aufzuspeichern, doch muß ihnen diese in einer bestimmten Form bereits zur Verfügung stehen. Es kann nicht Energie, die von außen eindringt, wie z. B. Sonnenenergie, Verwendung finden.

Alle energetischen Leistungen des tierischen Organismus sind in letzter Linie an den Vorgang der Kohlensäureassimilation der Pflanzen gebunden! Es ist in übertragenem Sinne Sonnenenergie, mit Hilfe derer das Herz das Blut im Körper zum Kreisen bringt. Es ist Sonnenenergie, mit der unsere Muskeln Arbeit leisten, und schließlich ist unsere Körpertemperatur auch nichts weiter als verwandelte Sonnenenergie! Die Pflanze hält in jeder organischen Verbindung, die sie erzeugt, eine bestimmte Menge Sonnenenergie fest, d. h. zur Bildung jeder Kohlenstoffverbindung ist eine ganz bestimmte Menge von Energie notwendig. Jedem Gramm einer in der Pflanze, von den Grundstoffen Kohlensäure und Wasser ausgehend, entstandenen Substanz entspricht eine ganz bestimmte Menge gebundener Energie. Wir pflegen als Maß für die Energiemengen die Wärmeeinheit = Kalorie zu verwenden. Wir wollen hier nicht darauf eingehen, daß dieses Maß nicht allgemeine Gültigkeit haben kann, weil ja, wie schon betont, die Muskelmaschine nicht mit Wärmeenergie arbeitet. Es wird eine kleine und eine große Kalorie unterschieden. Die erstere umfaßt die Wärmemenge, die notwendig ist, um 1 g Wasser um $1°$ zu erwärmen, und die letztere jene Wärmemenge, die erforderlich ist, um $1\,000$ g Wasser um $1°$ zu erwärmen. Wenn wir 1 g Zucker mit Hilfe von Sauerstoff restlos in Kohlensäure und Wasser überführen, dann erscheint eine Wärmemenge, die rund 4 Kalorien entspricht. Es sind besondere Apparate konstruiert worden, Kalorimeter genannt, in denen die bei der Verbrennung organischer Substanzen in Form von Wärme frei werdende Energie genau bestimmt werden kann. Wird an Stelle von Kohlenhydraten 1 g Fett der Umwandlung in Kohlensäure und Wasser unterzogen, dann ergeben sich rund 9 Kalorien. Eiweiß, das sich von den genannten Nahrungsstoffen durch den Gehalt an Stickstoff in seiner elementaren Zusammensetzung unterscheidet, liefert bei Verbrennung von 1 g etwas mehr als 5 Kalorien. Es ist nun von grundlegender Bedeutung, daß im tierischen Organismus die Kohlenhydrate und Fette nach vielfachen Umwandlungen im Zellstoffwechsel zu Kohlensäure und Wasser abgebaut werden. Der exakte Versuch, den wir vor allen Dingen Rubner, Atwater u. a. verdanken, hat nun ergeben, daß 1 g Kohlenhydrat und 1 g Fett im tierischen Organismus genau dieselbe Energiemenge liefern wie außerhalb des Körpers. Dasselbe gilt übrigens auch für den Pflanzenorganismus, sofern dieser Kohlenhydrate und Fette in die gleichen Stoffwechselendprodukte zerlegt. Eine Sonderstellung nehmen die Eiweißstoffe und ihre Abkömmlinge insofern ein, als im tierischen Organismus nicht dieselben Produkte entstehen wie bei ihrer Verbrennung außerhalb des Körpers. Es ist der Stickstoff, der in organischer Bindung den Körper verläßt, und zwar bei vielen Tierarten und auch bei uns in Form von Harnstoff. An seiner Stelle finden wir bei den Vögeln und Reptilien Harnsäure. Beide Arten von Verbindungen führen Energie mit sich, d. h. mit anderen Worten, der tierische Organismus kann den ihm im Eiweiß zugeführten Energievorrat nicht voll ausnützen. Ungefähr eine Kalorie pro Gramm Eiweiß verläßt den Körper in den erwähnten und in noch einigen anderen Verbindungen.

Mit diesen Feststellungen haben wir in aller Kürze den Kreislauf der Energie in der Natur geschildert. Beständig strömt Energie mittels des Sonnenlichtes in Pflanzenzellen ein. Diese benützen diese Kraftquelle, um eine Fülle von mannigfaltigen Synthesen durchzuführen, und zwar mit Hilfe besonders eingerichteter Zellen, in denen ein besonderer Farbstoff wirksam ist. Es ist leicht möglich, daß durch diese die Sonnenenergie in eine andere Form übergeführt wird. Als ersten Vorgang bemerken wir die Abspaltung von Sauerstoff; zugleich erfolgt die Bildung organischer Substanz. Als erstes Assimilationsprodukt wird allgemein der Formaldehyd angesprochen. Unaufgeklärt ist noch, wie nun im einzelnen die Bildung der mannigfaltigen organischen Substanzen der Pflanzenwelt vor sich geht. Nur eines steht fest, nämlich, daß bei den synthetischen Vorgängen Energie gebunden wird. Mit den wenigen Grundstoffen: Kohlenstoff, Wasserstoff, Sauerstoff und bei manchen Verbindungen Stickstoff[1]) baut die Pflanzenzelle eine kaum übersehbare Anzahl der verschiedenartigsten Verbindungen auf. Wir stoßen auf eine Fülle der verschiedenartigsten **Kohlenhydrate, Fette, Phosphatide** (hier wird noch Phosphor in Form von Phosphorsäure verwendet), **Sterine** (hier stoßen wir auf kompliziert gebaute Ringsysteme), **Eiweißstoffe** (sie enthalten zumeist neben C, H, O, N noch Schwefel). Die angeführten Produkte dienen dem tierischen Organismus als Nahrungsstoffe, d. h. als Quelle von Energie und ferner als Baumaterial zur Bildung von Zellen und von manchen im Stoffwechsel unentbehrlichen Stoffen. Über die erwähnten Verbindungen hinaus liefert die Pflanzenwelt eine Fülle von Verbindungen, die, soweit unsere Kenntnisse reichen, nur zum kleinsten Teil für den tierischen Organismus eine besondere Bedeutung haben. Es sei gleich hier erwähnt, daß man in der Beurteilung der Bedeutung der in den Nahrungsmitteln enthaltenen Stoffe für den tierischen Organismus recht vorsichtig sein muß. Es könnte immerhin sein, daß noch manche bis jetzt unbekannten Beziehungen zwischen in Pflanzen entstandenen Verbindungen und solchen des tierischen Organismus vorhanden sind. Es sei in dieser Richtung z. B. darauf hingewiesen, daß sich Pflanzenfarbstoffe in tierischen Geweben nachweisen lassen, die möglicherweise nicht nur abgelagert sind, sondern vielmehr eine bestimmte Bedeutung haben. Vor allem sei in dieser Richtung auf jene noch unbekannten Nahrungsstoffe, **Vitamine** genannt, verwiesen, die in kleinsten Mengen für zahlreiche Funktionen des tierischen Organismus unentbehrlich sind. Die Pflanzen erzeugen zahlreiche Vertreter der verschiedensten Gruppen von Verbindungen, so der **Alkohole,** der **Ketone,** der **Aldehyde,** der **Säuren** usw. usw. Besonders interessant sind die Vertreter der **ätherischen Öle,** der **Alkaloide,** der **Bitterstoffe.** Vor allen Dingen nehmen ferner unser Interesse die zahlreichen **Blütenfarbstoffe** und sonstigen Farbstoffe gefangen. Es hat sich beim Studium ihres Aufbaues ergeben, daß vielfach durch ganz geringfügige Unterschiede in der Zusammensetzung mannigfaltige Farbenunterschiede hervorgebracht werden. Erwähnt sei noch die

---

[1]) Vereinzelt kommen noch Schwefel, Phosphor usw. hinzu.

Bildung von Gerbstoffen, von Milchsäften, von Kautschuk usw. usw. Die Wiege all dieser ungezählten Verbindungen findet sich in jenen Zellen, in denen mittels der Sonnenenergie Kohlensäure unter Sauerstoffabspaltung Verwendung findet!

Mit der Bildung organischer Substanz vollzieht sich ein weiterer interessanter und für die ganze Organismenwelt bestimmter Vorgang. Der Kohlenstoff zeichnet sich zunächst dadurch vor anderen Elementen aus, daß er keine ausgesprochenen Eigenschaften nach der sauren oder basischen Richtung aufweist, sondern sich vielmehr sowohl mit sauren als auch basischen Gruppen verbinden kann. Er weist ferner die Besonderheit auf, ganz besonders leicht das gleiche Element zu binden, wodurch Kohlenstoffketten entstehen. Dadurch ist Gelegenheit zu zahlreichen strukturisomeren Verbindungen gegeben. Darüber hinaus entsteht noch eine weitere Art von Isomerie, nämlich die optische. Der Kohlenstoff tritt im allgemeinen als vierwertiges Element auf. Mit wenig Ausnahmen sind in den organischen Verbindungen, d. h. in den Kohlenstoffverbindungen, alle vier Wertigkeiten besetzt. Ist ein Kohlenstoffatom mit vier verschiedenen Gruppen verbunden, dann ergibt sich eine Asymmetrie, die sich gegenüber dem polarisierten Licht in ganz charakteristischer Weise äußert. Verbindungen, denen die erwähnte Asymmetrie abgeht, lenken den polarisierten Lichtstrahl nicht aus seiner Richtung ab, wohl aber solche Verbindungen, die asymmetrisch gebaute Kohlenstoffatome besitzen. Es möge dieses Verhalten an den folgenden Beispielen erläutert werden:

$$H_3C-C\underset{\textstyle OH}{\overset{\textstyle O}{<}}$$

Essigsäure.

Keines von beiden Kohlenstoffatomen ist mit vier verschiedenen Massen gebunden.

$$\underset{\textstyle H}{\overset{\textstyle NH_2}{}}H_2C-C\underset{\textstyle OH}{\overset{\textstyle O}{<}}$$

Amino-essigsäure.

Auch diese Verbindung ist „optisch inaktiv", weil kein asymmetrisches Kohlenstoff vorhanden ist.

$$\begin{array}{c} H \\ | \\ H_3C-C-C \overset{O}{\underset{OH}{}} \end{array}$$

Propionsäure.

Auch bei dieser Verbindung fehlt die Asymmetrie.

$$\begin{array}{c} H \\ | \\ H_3C-\mathbf{C}-C \overset{O}{\underset{OH}{}} \\ | \\ NH_2 \end{array}$$

α-Amino-propionsäure.

In dieser Verbindung ist das fettgedruckte Kohlenstoffatom mit 4 verschiedenen Massen besetzt. Infolgedessen wirkt dieses C-Atom asymmetrisch. Von dieser Verbindung existiert eine das polarisierte Licht nach einer Richtung (z. B. rechts) ablenkende Verbindung und einer Form, die es in genau demselben Grade nach der anderen Richtung (links) ablenkt. Fügt man von beiden Verbindungen gleiche Mengen zusammen, dann sind die Einwirkungen auf das polarisierte Licht aufgehoben, weil die Linksdrehung durch die Rechtsdrehung aufgehoben wird. Eine solche Verbindung, Razemkörper genannt, läßt sich in die beiden optischen Antipoden aufspalten. Sie unterscheiden sich durch die verschiedene Anordnung der Massen, die am asymmetrischen Kohlenstoff sitzen, im Raume.

Es ist von größtem Interesse, daß von der Pflanze bei den einzelnen Kohlenstoffverbindungen von den möglichen optischen Isomeren mit wenig Ausnahmen immer nur eine ganz bestimmte Form gebildet wird. Es wird eine ganz bestimmte Anordnung der mit den asymmetrischen Kohlenstoffatomen verbundenen Gruppen im Raume beibehalten, und zwar kann man, wie es scheint, vielleicht alle in der Natur vorkommenden Verbindungen auf eine gleichartige Raumstruktur zurückführen. Die chemische Forschung hat eine große Anzahl von optischen Isomeren auf vielen Umwegen gewonnen, die in der Natur nicht vorkommen. Grundlegend waren für die ganzen Synthesen die Ideen von Le Bel und van 't Hoff. Sie brachten zum Ausdruck, daß die Zahl der möglichen optischen Isomeren in Zusammenhang mit der Anzahl der asymmetrischen Kohlenstoffatome steht. Sie läßt sich nach der Formel 2^n berechnen, wobei „n“ die Zahl der asymmetrischen Kohlenstoffatome bedeutet. Emil Fischer hat in genialer Weise an einer Reihe von Beispielen die Fruchtbarkeit der erwähnten Vorstellungen bewiesen, indem er z. B. in der Reihe der Kohlenhydrate mit 6 Kohlenstoffatomen (genannt Hexosen) bis auf wenige Glieder alle strukturisomeren Verbindungen dargestellt hat. Der Traubenzucker, der zu den Hexosen gehört, enthält 4 asymmetrische Kohlenstoffatome, wie die folgende Formel zeigt:

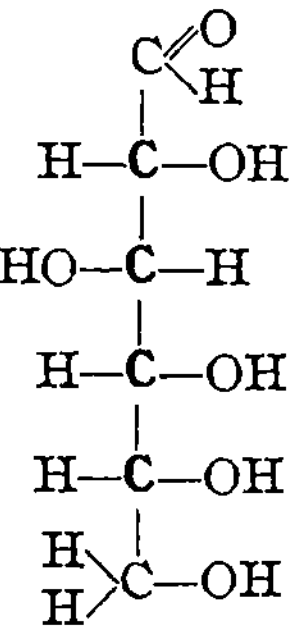

Somit sind $2^4 = 16$ strukturisomere Verbindungen möglich. Von diesen sind bis auf 4 alle durch Laboratoriumsarbeit bekannt geworden. Selten hat eine Theorie sich so fruchtbar erwiesen wie diejenige vom asymmetrischen Kohlenstoffatom! Erwähnt sei noch, daß Erlenmeyer eine weitere Art von optischer Isomerie postuliert hat, fußend auf der Asymmetrie ganzer Moleküle. Wie kommt nun die Pflanzenzelle dazu, asymmetrische Synthesen durchzuführen? Es ist trotz aller Bemühungen nicht gelungen, dieses Rätsel vollständig zu lösen. Sehr wahrscheinlich sind die in den Zellen bereits vorhandenen optischaktiven Verbindungen, d. h. diejenigen, die bereits asymmetrische Kohlenstoffatome besitzen, dafür verantwortlich, so daß beim Aufbau organischer Substanz nicht alle möglichen Formen gebildet werden. Es muß die Synthese einer bestimmten Form allen anderen weit voraneilen. Vielleicht sind bestimmte Stoffe wirksam, die schon bei der Bindung mit dem vollständig symmetrisch gebauten Ausgangsmaterial: Kohlensäure und Wasser, den Grund zur entstehenden Asymmetrie legen. Es ist Bredig geglückt, im Reagenzglas unter Verwendung von Fermenten und von Alkaloiden optisch-aktive Stoffe zu erzeugen. Es ist wohl möglich, daß diese Versuche eine Möglichkeit der Entstehung optisch-aktiver Formen in der Natur dartun.

Der tierische Organismus übernimmt aus der Pflanzenwelt die organischen Stoffe mit ihrem spezifischen Aufbau. Die Asymmetrie wird beibehalten. Wir treffen in den Zellen des Tieres auf genau dieselben optisch-aktiven Formen wie in der Pflanzenwelt.

Der tierische Organismus erhält, um es noch einmal zusammenzufassen, vom Pflanzenorganismus organische Verbindungen mit ihrem besonderen Bau und mit ihrem Energieinhalt. Er kann keine Synthesen, von so einfachen Stoffen wie Kohlensäure und Wasser ausgehend, durchführen. Er ist ganz und gar auf die Tätigkeit der Chlorophyll führenden Pflanzenwelt angewiesen. Von diesem Gesichtspunkte aus können wir nicht nur auf das Leben vor ungezählten Jahrtausenden zurückblicken, sondern wir können auch in die Zukunft sehen und zum Ausdruck bringen, daß, wenn nicht ganz besondere Naturereignisse auftreten, auf der Erde noch auf Jahrtausende hinaus Bedingungen für das Leben von Pflanze und Tier gegeben sind. Gefahren bringen können nur solche Abänderungen der jetzt vorhandenen Bedingungen in der Natur, die das Leben der Pflanzen einschränken. Es wird immer zwischen Pflanzen- und Tierwelt ein gewisses Gleichgewicht vorhanden sein. Ohne Pflanzenwelt ist die Tierwelt undenkbar. Alle Maßnahmen, die das Pflanzenwachstum befördern und die Zahl der Ernten und ihre Größe erhöhen, bilden die Grundlage zu einer Vermehrung des Daseins der Tiere und der Menschen oder, der neueren Zeit angepaßt, besser ausgedrückt, insbesondere für die letzteren. Der Mensch drängt die Tierwelt mehr und mehr zurück. Er ersetzt ihre ihm nützlichen Leistungen mehr und mehr durch Maschinenkraft. Er züchtet und jagt Tiere schließlich im wesentlichen nur noch zum Zwecke seiner Ernährung. Der Mensch kann jederzeit die auf der Erde vorhandene Pflanzennahrung in weitem Umfange nach seinem Willen zwischen sich und der Tierwelt teilen.

In ganz besonders schöner Weise sehen wir ein Gleichgewichtsverhältnis zwischen Tier- und Pflanzenwelt auch bei der Wasserfauna und insbesondere im Meer sich entwickeln. Es genügt auch schon ein Aquarium, um hierüber Erfahrungen zu sammeln. Mit Mühe halten wir die Fische im frisch bepflanzten Aquarium am Leben. Wir müssen das Wasser durchlüften oder es öfter wechseln. Nach einiger Zeit bemerken wir, daß das Wasser immer klar und frisch bleibt. Die Bewohner des Aquariums fühlen sich wohl. Die Pflanzenwelt spendet Sauerstoff und liefert auch Nahrung. Die Tiere geben Kohlensäure ab und düngen zugleich mit ihren Stoffwechselendprodukten den Boden, aus dem die Pflanzen Nahrungsstoffe beziehen.

Nachdem wir nun in großen Zügen die grundlegenden Leistungen der Pflanzenwelt besprochen haben, wobei wir mit Absicht die außerordentlich interessanten Anpassungen der an verschiedenen Standorten und unter sehr verschiedenen Bedingungen lebenden Pflanzen an die Kohlensäureassimilation außer Betracht gelassen haben (es sei nur angedeutet, daß die im Meer untergetauchten Pflanzenarten in verschiedenen Tiefen verschieden gefärbte Atmungsfarbstoffe aufweisen, angepaßt an die Lichtstrahlen, die der Absorption durch das Wasser bis in jene Tiefen, in denen sie sich befinden entgangen sind, und zwar finden wir an Stelle des grünen Blattfarbstoffs die jenem Licht komplementäre Farbe), wollen wir jetzt zu den Leistungen des tierischen Organismus übergehen. Wir wollen uns auch hier nur an diejenigen Vorgänge halten, die uns ein Bild über die Zusammenarbeit der gesamten Organismenwelt eröffnen. Betrachten wir ein höher entwickeltes Tier, oder gehen wir am besten von unserem Organismus aus. Wir treffen in ihm, d. h. in seinen Zellen wohl Kohlenhydrate, Fette, Eiweißstoffe usw. an, jedoch fällt uns sofort auf, daß diese Verbindungen nicht identisch mit den im Pflanzenreich vorhandenen sind, und zwar auch dann nicht, wenn wir als einzige Nahrung solche aus der Pflanzenwelt aufnehmen. So begegnen wir in keiner tierischen Zelle dem Stärkekorn. Die genaue chemische Analyse zeigt uns, daß die Fette, Eiweißstoffe usw. zwar die gleichen Bausteine besitzen, aus denen die entsprechenden Verbindungen in der Pflanzenzelle zusammengesetzt sind, jedoch ist ihre Anordnung eine andere; ferner finden sich insbesondere bei den Eiweißkörpern die einzelnen Bausteine in ganz verschiedener Menge. Schon diese Andeutungen genügen, um zu erkennen, daß unmöglich ein direkter Übergang der mit der Nahrung zugeführten zusammengesetzten Verbindungen in unseren Organismus in Frage kommt.

Die Zahl der Methoden, die angewandt worden sind, um zu
beweisen, daß der Aufnahme und Assimilation der in der Nahrung
enthaltenen Stoffe ein tiefgehender Umbau vorausgehen muß, ist
sehr groß. Zunächst kann man von folgender Überlegung ausgehen:
Betrachten wir irgendeine Pflanze, dann finden wir sehr häufig
auf ihr mannigfaltige tierische Organismen, wie Raupen, Käfer,
Zikaden usw. Sie nehmen alle das gleiche Futter auf, und doch be-
halten sie ihren persönlichen Artcharakter bei. Oder wir betrachten
auf einer Wiese weidende Tiere. Sie nehmen alle dieselben Nah-
rungsmittel auf, und dennoch bleibt das Pferd ein Pferd und das
Rind ein Rind usw. usw. Es wird kaum jemand den unnützen
Versuch unternehmen, eine Reihe von Tierarten durch Verfütte-
rung desselben Fleisches oder desselben Heues in ihrem ganzen
Artcharakter beeinflussen zu wollen. Das Ergebnis ist vorauszusehen! Trotzdem werden wohl wenige Menschen jemals darüber
nachgedacht haben, wieso es kommt, daß sie trotz der verschiedenartigen Nahrung, die sie jeden Tag zu sich nehmen, ihren besonderen Artcharakter beibehalten.

Kurz streifen wollen wir den Umstand, daß mit der Feststellung,
wonach der ganze Bauplan für jede Organismenart in der Aus-
gangszelle (Eizelle) bereits festliegt, und unabänderlichen Ent-
wicklungsgesetzen nach erfolgter Befruchtung folgend ein ganz
bestimmter Organismus zum Aufbau kommt, in dem jede einzelne
Zellart spezifische Bestandteile enthält, es dennoch möglich ist,
Einfluß auf manche Vorgänge in ihm durch die Art der Nahrung
zu gewinnen. Es handelt sich dabei jedoch nicht um Einwirkungen,
die den Artcharakter antasten, vielmehr um Veränderungen in
feineren Stoffwechselvorgängen, oder aber auch darüber hinaus
um tiefgehendere Einflüsse durch Störungen bestimmter Organ-
funktionen oder deren vollständige Ausschaltung. Unberührt
wollen wir das große und wichtige Gebiet der Bastardbildung
usw. lassen und nur erwähnen, daß bei der Befruchtung nicht nur
eine Entwicklungserregung zustande kommt, die übrigens auch ohne
diese veranlaßt werden kann, vielmehr erfolgt mit ihr die Übertragung bestimmter Erbeinheiten. Wir blicken hier in ein unendlich
kompliziertes System von Einflüssen feinster Art, die bestimmend für
zahlreiche Eigenschaften des werdenden Organismus sind und sein
ganzes Schicksal über das einzelne Individuum hinaus bestimmen.

Einen weiteren Hinweis auf tiefgehende Umwandlungen der
mit der Nahrung zugeführten organischen Nahrungsstoffe gibt

uns der Säugling in die Hand. Er nimmt als einzige Nahrung
Milch auf. Ihre Bestandteile sind uns gut bekannt. Sie enthält
Milchzucker. Wir treffen ihn im Organismus des Säuglings, d. h.
in seinen Zellen nicht an. Unter anderem enthält die Milch charakteristische Eiweißstoffe. Am meisten fällt das sog. Kaseinogen auf und zwar deshalb, weil es nach Zusatz von Magensaft
gerinnt. Wir finden in den Zellen des Säuglings keinen Eiweißkörper, der dem Kaseinogen entspricht. Wir bemerken, daß der
Säugling fortwährend neue Eiweißkörper bildet. Er baut Blutfarbstoff auf. Dieser enthält einen Eiweißkörper, der Eigenschaften
und eine Zusammensetzung besitzt, wie ihn kein Stoff der Milch
aufweist. Endlich entstehen alle die spezifisch gebauten Zell-
eiweißstoffe mit ihrem besonderen Art- und Funktionscharakter.
Wir sehen wie die Nägel und Haare wachsen. Auch diese Produkte gehören zu der Gruppe der Eiweißstoffe.

Von weiteren Methoden sei nur noch die eine hervorgehoben:
Wenn wir z. B. einem Meerschweinchen Eiereiweiß zu fressen
geben und dann nach einiger Zeit denselben Eiweißkörper direkt
in die Blutbahn einführen oder aber auch indirekt, indem wir
ihn unter die Haut oder in die Bauchhöhle hineinspritzen, dann
erfolgt nichts Besonderes. Wenn wir jedoch diesem Tier nun
nach etwa 3 Wochen dieselbe Eiweißart (es muß dasselbe Eiweiß
sein) wiederum direkt oder indirekt in die Blutbahn bringen,
dann beobachten wir außerordentlich schwere Erscheinungen.
Die Spur zugeführten Eiweißes genügt, um ein Tier zu töten.
Sofort nach der Einspritzung wird das Tier unruhig. Es kratzt
sich, zeigt Lichtscheu, es treten Krämpfe auf. Das Tier leidet
an Atemnot und fällt nach kurzer Zeit tot um. Aus diesem Ver-
suchsergebnis schließen wir, daß unter normalen Verhältnissen
niemals ein unveränderter Eiweißkörper der Nahrung in unsere
Blutbahn gelangt.

Wir kommen nun ganz von selbst zu der Fragestellung, in
welcher Art und Weise der tierische Organismus die
ihm vom Pflanzenreich dargebotene Nahrung um-
wandelt. Es sei gleich bemerkt, daß genau dasselbe Problem
auch dann vorliegt, wenn nicht Pflanzen-, sondern Fleischnahrung
aufgenommen wird. Auch in diesem Fall findet kein direkter
Übergang der organischen Nahrungsstoffe zusammengesetzter
Natur in den Körper des zu ernährenden Organismus statt. Ganz
allgemein sei darauf hingewiesen, daß auch der Fleischfresser in

letzter Linie vom Pflanzenreich abhängig ist, weil er sich von Tieren ernährt, die direkt oder indirekt ihren Körper mittels aus der Pflanzenwelt entnommener Nahrungsstoffe aufgebaut haben. Schon der Umstand, daß die dem Säugling eng angepaßte Milch nicht direkt mit all ihren Bestandteilen in das Blut übergeht, beweist, daß ganz allgemein tiefgehende Veränderungen vor sich gehen müssen, bevor aus der aufgenommenen Nahrung jene Produkte gebildet sind, die unseren Körperzellen als Nahrung dienen.

Schon seit sehr langer Zeit ist bekannt, daß die aufgenommene Nahrung unter der Einwirkung besonderer Stoffe im Verdauungskanal einer Umwandlung unterzogen wird. Bereits in der Mundhöhle wird die Speise mit dem Sekret der Speicheldrüsen durchtränkt. Bei den Pflanzenfressern und auch bei den Allesfressern befinden sich im Speichel Stoffe, die in kleinster Menge bestimmte Kohlenhydratarten zerlegen. Man nennt diese Stoffe ganz allgemein Fermente. Sie wirken in Spuren, jedoch nur unter ganz bestimmten Bedingungen. Ferner ist jede Fermentart auf ganz bestimmte Substrate eingestellt. Von wesentlicher Bedeutung ist die Mundverdauung nicht. Die Hauptverdauung findet im Magen und dann vor allen Dingen im Dünndarm statt. Unter der Einwirkung des von den Magendrüsen abgegebenen Magensaftes werden namentlich die Eiweißkörper unter Wasseraufnahme zerlegt. In den Dünndarm ergießen sich Verdauungssäfte aus der Bauchspeicheldrüse (Pankreas) und den zahlreichen kleinen Darmdrüsen. Es werden Kohlenhydrate zusammengesetzter Natur, Fette, Eiweißstoffe usw. abgebaut.

Es ist von großem Interesse, daß die Verdauungssäfte nicht unausgesetzt zur Ausscheidung gelangen, vielmehr erfolgt ihre Sekretion nur dann, wenn bestimmte Anreize dazu vorhanden sind. Von zahlreichen Sinnesnerven aus werden bei der Nahrungsaufnahme Erregungen auf die Drüsenzellen übertragen. Dazu kommen noch außerordentlich interessante Einrichtungen, die an Ort und Stelle dafür sorgen, daß durch bestimmte Stoffe, Sekretine genannt, die Abgabe von spezifisch zusammengesetztem Sekret erfolgt. Darüber hinaus wirken bestimmte Vorstellungskomplexe anregend auf die Sekretion der Verdauungsdrüsen. Es sei daran erinnert, daß beim Lesen einer Speisekarte einem das Wasser im Munde zusammenläuft. Ferner kann der

Anblick einer Speise, auf die man Appetit hat, dasselbe bewirken. In gleicher Richtung wirken bestimmte Gerüche oder eine bestimmte Geschmacksempfindung. Schließlich kann auch der Gehörnerv den Weg zu einem bestimmten Vorstellungskomplex, der mit Nahrung zusammenhängt, darstellen (z. B. Wetzen eines Messers!). In jedem einzelnen Falle müssen Erfahrungen vorliegen. Es hat vor allen Dingen der russische Physiologe Pawlow an Hand sehr schöner Versuche gezeigt, wie Vorgänge der genannten Art sich ausbilden können. Ein Hund, der als einzige Nahrung Milch kennen gelernt hat, wird beim Anblick von Fleisch zunächst nicht mit der Abgabe von Verdauungssäften reagieren. Nachdem er jedoch Fleisch aufgenommen hat, wird er sehr bald beim bloßen Anblick desselben nicht nur Speichel, sondern auch die übrigen Verdauungssäfte absondern. Man spricht direkt von einem Appetitssaft. Sehr interessant sind Versuche der folgenden Art: Es wird nur dann eine bestimmte Nahrung verabreicht, wenn ein bestimmter Ton ertönt oder eine bestimmte Farbe gezeigt wird (Aufleuchten einer gefärbten Glühbirne). Wird, nachdem dieser Vorgang sich einige Male wiederholt hat, der betreffende Ton angeschlagen oder das betreffende farbige Licht dargeboten, dann beginnen die Verdauungsdrüsen auch dann zu arbeiten, wenn keine Nahrung zur Aufnahme gelangt. Es wird durch den betreffenden Reiz eine bestimmte Erinnerung geweckt, und das genügt, um über ein Zentrum im verlängerten Mark den Zellen der verschiedenen Verdauungsdrüsen eine Anregung zur Abgabe von Sekret zu übermitteln.

Lange Zeit begnügte man sich mit der Feststellung, daß im Verdauungskanal Nahrungsstoffe zusammengesetzter Natur mittels Fermenten verwandelt werden. Nun war bekannt, daß in der Nahrung zahlreiche Bestandteile in einem besonderen Zustande vorhanden sind, in dem sie tierische Membrane nicht zu durchdringen vermögen. Man spricht von einem kolloiden Zustand. Bringt man z. B. in eine dichte Schweinsblase eine eiweißhaltige Flüssigkeit, und hängt man diese in destilliertes Wasser, dann bemerkt man, daß nach kurzer Zeit der Eiweißlösung zugesetzte Salze, ferner Traubenzucker usw., in der Außenflüssigkeit erscheinen, und zwar bildet sich bei jenen Stoffen, die durch die Wand der Schweinsblase hindurch diffundieren können, nach einiger Zeit ein Gleichgewicht zwischen der Konzentration an ihnen in der Innen- und Außenflüssigkeit aus. Die Eiweißteilchen jedoch bleiben in der Schweinsblase gefangen. Gibt man nun etwas Magensaft oder auch Pankreas- oder Darmsaft zum Schweinsblaseninhalt, dann bemerkt man, daß nach kurzer Zeit Abkömmlinge des Eiweißes in der Außenflüssigkeit erscheinen. Untersucht man diese, dann erkennt man, daß sie durch Abbau unter Wasseraufnahme aus Eiweiß hervorgegangen sind. Dieser interessante Modellversuch schien die Bedeutung der Verdauung vollkommen aufzuklären. Aus nicht diffundierbaren Produkten entstehen diffundierbare. Es haben jedoch bereits Forscher wie H e r r m a n n und H u p p e r t erkannt, daß die Zerlegung der zusammengesetzten organischen Nahrungsstoffe weitergehen dürfte als allgemein angenommen wurde. Sie ahnten bereits, daß die Bedeutung der Verdauung nicht einzig und allein darin liegt, aus im kolloiden Zustand befindlichen Stoffen solche herzustellen, die durch tierische Membrane diffundieren. Schon der Umstand, daß leicht diffundierbare Produkte, wie R o h r - und M i l c h z u c k e r, niemals jenseits der Darmwand anzutreffen sind, vielmehr ihrer Aufnahme in den Körper eine Spaltung vorausgeht, war geeignet, Zweifel an der oben mitgeteilten Fassung der Bedeutung der Verdauung zu erwecken.

Es wurde dann von zwei verschiedenen Seiten aus mehr und mehr der Gedanke in den Vordergrund gerückt, daß wir i n d e r V e r d a u u n g d e n S c h u t z d e s O r g a n i s m u s v o r i h m f r e m d a r t i g e n, einen bestimmten Artcharakter tragenden S u b s t a n z e n v o r u n s h a b e n. Es ist H a m b u r g e r (Graz), der, von Ergebnissen der Immunitätsforschung ausgehend, wohl zum erstenmal den Satz aufstellte, daß d e r V e r d a u u n g s v o r g a n g d e n A r t c h a r a k t e r v o n i n d e r N a h r u n g v o r h a n d e n e n V e r b i n d u n g e n z e r s t ö r t u n d d a m i t d e m O r g a n i s m u s d i e M ö g l i c h k e i t g i b t, s e i n e n e i g e n e n A r t c h a r a k t e r z u e r h a l t e n.

Das erwähnte Problem wurde dann mit dem Fortschreiten der Erkenntnis des Aufbaues der verschiedenen in der Nahrung enthaltenen zusammengesetzten organischen Nahrungsstoffe auch vom chemischen Standpunkt aus in Angriff genommen. Es war eine mühevolle, viele Jahre umfassende Arbeit notwendig. Die Fortschritte waren an solche der Methodik gebunden. Es zeigte sich, daß z. B. die Eiweißkörper der Pflanzen- und Tierwelt mit wenigen Ausnahmen dieselben Bausteine besitzen. Sie sind

Aminosäuren genannt worden. Es handelt sich im Prinzip um Fettsäuren, in denen am α-Kohlenstoffatom ein Wasserstoffatom durch eine NH_2-Gruppe ersetzt ist. Außerdem sind in manchen Abkömmlingen von Fettsäuren noch andere Gruppen eingefügt. Insgesamt sind wohl etwa 20 Bausteine am Aufbau der Proteine (Eiweißstoffe) beteiligt. Nun enthalten die verschiedenen Eiweißstoffe diese Aminosäuren in ganz verschiedener Anzahl und sicherlich auch in verschiedener Kombination. Auf den ersten Blick erscheint es wenig wahrscheinlich, daß 20 verschiedene Bausteine eine so ungeheuer große Anzahl von Eiweißstoffen liefern können, wie wir sie uns vorstellen müssen, wenn wir annehmen, daß erstens jede Organismenart Eiweißstoffe mit einem besonderen Artcharakter besitzt, und zweitens außerdem innerhalb des einzelnen Organismus jede Zellart mit besonderen Funktionen wiederum Eiweißstoffe enthalten muß, die einen besonderen Funktionscharakter zeigen. Sobald man sich daran erinnert, daß mit nicht viel mehr als 20 Buchstaben (einige schalten, weil sie nicht sehr oft vorkommen, mehr oder weniger aus) eine unübersehbare Mannigfaltigkeit der Wortbildung und damit unserer Sprache möglich ist, wird man schon eher anzunehmen geneigt sein, daß 20 verschiedene Bausteine außerordentlich viele verschiedene Verbindungen ergeben können. Wenn wir die Bausteine mit den Buchstaben A, B, C, D usw. bezeichnen und nun damit beginnen, alle Kombinationen, die bei verschiedener Reihenfolge der einzelnen Buchstaben möglich sind, herzustellen, dann kommen wir sofort zu sehr großen Zahlen. Wir können A und B, wie folgt kombinieren: B — A; A — B. Bei den Buchstaben A, B und C sind die folgenden 6 Kombinationen möglich: A — B — C; A — C — B; B — A — C; B — C — A; C — A — B; C — B — A. Nimmt man vier verschiedene Buchstaben, dann ergeben sich 24, bei fünf 120, bei sechs 720, bei sieben 5040, bei acht Bausteinen 40 320 verschiedene Kombinationen usw. usw. Bei 20 Bausteinen kommt man auf die folgende riesige Zahl:

$$2\ 432\ 902\ 008\ 176\ 640\ 000\ !$$

Nun besteht aber das Eiweiß, wie neuere Forschungen ergeben haben, nicht aus einer Kette von Aminosäuren, d. h., es sind die Bausteine nicht einfach unter Wasserabspaltung aneinander gereiht, vielmehr spricht sehr vieles dafür, daß die Eiweißstoffe aus

einer Zusammenfassung von zahlreichen Elementarkörpern bestehen, die ihrerseits Aminosäuren enthalten, die wenigstens zum
Teil ringförmig zusammengeschlossen sind. Die Vereinigung
dieser Komplexe, über deren Größe wir zur Zeit noch nichts
wissen, erfolgt sehr wahrscheinlich mittels sog. Nebenvalenzen.
Diese Annahme der Struktur der Proteine vereinfacht die Vorstellung ihres Aufbaues und ihrer Spaltung. Jene Stoffe, die Fermente genannt worden sind, besitzen vielleicht die Fähigkeit,
Nebenvalenzen abzusättigen, wodurch dann ein Zerfall der durch
diese zusammengefaßten Elementarkörper entsteht. Umgekehrt
können diese mittels freiwerdender Nebenvalenzen zusammengefaßt werden. Die Eigenart eines jeden Eiweißstoffes
ist durch die Art der Elementarkörper und der Zahl
und Art ihrer Zusammenfassung zu einem mehr oder
weniger großen Konglomerat gegeben.

In jeder Zelle hat jeder einzelne Bestandteil bestimmte Funktionen zu erfüllen. Wir nehmen mit unserer Nahrung
Zellinhalt auf. Er hat bis vor kurzer Zeit bestimmte Aufgaben erfüllt. Nehmen wir Pflanzennahrung zu uns, dann gelangen in unseren Verdauungskanal Zellinhaltsstoffe hinein, die
zuvor z. B. bei der Kohlensäureassimilation beteiligt waren,
oder die Alkaloide aufbauten usw. usw. In unserem Organismus
haben alle diese spezifisch gebauten, besonderen Aufgaben angepaßten Verbindungen keine Verwendung. Unsere Zellen
brauchen Baumaterial, dem jeder besondere Art- und Funktionscharakter vollkommen fehlt, sollen doch neue Verbindungen aufgebaut werden, die für jede Zellart wieder einen neuen Art- und
Funktionscharakter erhalten.

So wurde dann mehr und mehr die Meinung verbreitet, daß
bei der Verdauung aus den zusammengesetzten Kohlenhydraten
einfachste Bausteine und im wesentlichen Traubenzucker entstehen, aus den Fetten ihre Bausteine, namentlich Glyzerin und
Fettsäuren, aus den Eiweißstoffen Aminosäuren usw. usw. Es
sei gleich hier eingefügt, daß auch jene Mineralstoffe, wie
Eisen usw., die in organischer Bindung in der Nahrung zugegen
sind, bei der Verdauung in Freiheit gesetzt werden. Es würden
bei der Annahme, daß dem Verdauungsvorgang die Bereitung
der Bausteine all der in der Nahrung enthaltenen, zusammengesetzten Nahrungsstoffe zugrunde liegt, den Körperzellen durch
das ganze Leben hindurch stets dieselben Nahrungsstoffe mit

dem Blute zugeführt. Diese ganze Einrichtung hätte den großen
Vorteil, daß die Zellen der verschiedenen Gewebe mit ihrem
ganzen Fermentapparat und ihren, der Assimilation dienenden
Einrichtungen nicht bald auf dieses, bald auf jenes Ausgangsmaterial eingestellt zu sein brauchten, vielmehr erscheinen immer
wieder dieselben Baustoffe. Ferner würde bei der angenommenen
Art der Umwandlung der zusammengesetzten Nahrungsstoffe die
Zusammensetzung des Blutes immer innerhalb enger Grenzen
dieselbe bleiben. Die Erfahrung hat gezeigt, daß das in der Tat
der Fall ist.

Nun mußte aber durch genaue Versuche die erwähnte Vorstellung bewiesen werden. Dadurch wurde das Problem, i n w i e -
w e i t   d i e   t i e r i s c h e   Z e l l e   S y n t h e s e n   d u r c h f ü h r e n   k a n n,
in den Vordergrund des Interesses gerückt. Vorschiedene Forscher
legten sich die Frage vor, ob z. B. das Eiweiß der Nahrung durch
Abbaustufen aus solchen ersetzt werden könne. Die Antworten
waren nicht ganz einheitlich. Vor allen Dingen hat O. Loewi
sich der erwähnten Fragestellung zugewandt. Zweifellos wurde
durch die von ihm ausgeführten Versuche und durch diejenigen
anderer Autoren der Beweis erbracht, daß der tierische Organismus
Eiweiß aus Abbaustufen von solchem zurückbilden kann. Offen
blieb die Frage, wie weit das Eiweiß abgebaut sein darf, um noch
Verwendung zu finden. Hier setzen meine eigenen, Jahre umfassenden Forschungen ein. Es galt unter Benutzung der chemischen Forschungen auf dem Gebiete der zusammengesetzten
Nahrungsstoffe und insbesondere des Eiweißes — Forschungen,
die vor allen Dingen von dem genialen Chemiker Emil F i s c h e r
gefördert worden sind —, einen genauen Einblick in die Tiefe des
Abbaues der zu verabreichenden Stoffe zu erhalten. Es wurde
zunächst Fleisch außerhalb des Körpers mit Hilfe von Ver-
dauungsfermenten so weit als nur irgend möglich abgebaut.
Mit genauen Methoden wurde dann geprüft, welche Verbindungen
im Verdauungsgemisch vorhanden waren. Es gelang schließlich,
sämtliche zusammengesetzten organischen Nahrungsstoffe bis zu
den Bausteinen zu zerlegen. Es wurden dann vor allen Dingen
Hunde mit einem solchen Verdauungsgemisch ernährt. Es glückte
schließlich, Tiere monatelang bei gutem Wohlbefinden zu erhalten. Ferner konnte gezeigt werden, daß w a c h s e n d e   T i e r e
i h r   W a c h s t u m   f o r t s e t z t e n. Ferner ersetzten Hunde, die zuvor durch Hunger einen erheblichen Teil ihres Körperbestandes

verloren hatten, diesen Verlust wieder. Auf Grund der Ergebnisse dieser Versuche durfte zum Ausdruck gebracht werden, daß der tierische Organismus sämtliche Funktionen auch dann erfüllen kann, wenn ihm an Stelle von Eiweiß die es zusammensetzenden Aminosäuren verabreicht werden. Ebenso lassen sich die Fette, die zusammengesetzten Kohlenhydrate, die Phosphatide, die Kernsubstanzen durch ihre Bausteine vertreten.

Der erhobene Befund ist von großer Bedeutung für eine große Anzahl von Fragestellungen geworden. Mehr und mehr rückten die Bausteine der einzelnen Nahrungsstoffe in den Mittelpunkt des Interesses. Wir wissen jetzt, daß von ihnen aus der ganze Zellstoffwechsel ausgeht. Die erwähnten Verbindungen sind das Baumaterial zur Erzeugung von Zellinhaltsstoffen zusammengesetzter Art. Über sie erfolgt der Abbau zu Stoffwechselendprodukten. Sie stellen das Material zur Bildung von wichtigen Verbindungen dar, die teils nach außen abgegeben (Drüsen mit Ausführungsgängen), z. B. im Darmkanal die ganze Verdauung beherrschen, teils in das Blut übergeführt in Form von sog. Sendboten (Hormone, Inkrete) eine hochbedeutsame Rolle spielen. Es sei nur gestreift, daß der gesamte Stoffwechsel unter der Herrschaft von solchen Stoffen steht, und daß das Wachstum und viele andere Leistungen des Organismus durch ganz bestimmte Inkretstoffe angeregt und unterhalten werden.

Es ließen sich nun eine ganze Fülle von Fragestellungen in Angriff nehmen. Zunächst konnte man prüfen, ob jede einzelne Aminosäure erforderlich ist. Ohne den vorausgehenden exakten Beweis, wonach ein vollwertiges Gemisch von Aminosäuren für Eiweiß eintreten kann, war die Inangriffnahme der erwähnten Fragestellung nicht in eindeutiger Weise möglich. Jetzt konnte man die eine oder andere Aminosäure abtrennen und prüfen, ob das verbleibende Gemisch von Aminosäuren noch für Eiweiß eintreten konnte. Es zeigte sich dabei, daß einzelne Aminosäuren ersetzbar sind. Andere dagegen sind vollständig unentbehrlich, d. h., fehlen sie, dann ist das übrige Gemisch von Aminosäuren nicht imstande, den Stoffwechsel aufrecht zu erhalten. Es handelt sich um Aminosäuren mit spezifischen Wirkungen und vor allen Dingen um solche, die von der tierischen Zelle offenbar nicht aufgebaut werden können.

Es konnte ferner geprüft werden, ob man bestimmte, als unentbehrlich erkannte Aminosäuren nicht durch aus ihnen hergestellte Abbaustufen ersetzen kann, d. h., es konnte verfolgt werden, von welcher Abbaustufe aus die tierische Zelle noch zu Aminosäuren gelangen kann. Bis jetzt waren die nach dieser Richtung ausgeführten Forschungen noch nicht sehr erfolgreich. Sie sind naturgemäß sehr schwierig durchzuführen.

Die gewonnenen Ergebnisse lockten zu einer Stellungnahme zu einer seit sehr langer Zeit die Menschheit bewegenden Frage, nämlich zu derjenigen nach der Möglichkeit der Herstellung der Nahrungsstoffe im Laboratorium. Die Lösung des Problems der künstlichen Darstellung der Nahrungsstoffe schien bis zu dem Zeitpunkt, in dem erkannt wurde, daß die Bausteine der zusammengesetzten organischen Nahrungsstoffe zur Ernährung genügen, in sehr weiter Ferne zu liegen. Glaubte man doch, die Aufgabe zu haben, Eiweißstoffe, Stärke usw. herstellen zu müssen. Jetzt konzentrierte sich das ganze Problem auf die Frage, ob die künstliche Darstellung der Bausteine der organischen Nahrungsstoffe möglich ist. Es ist dies bis auf ganz vereinzelte Ausnahmen, die bald behoben sein werden, der Fall. Ich habe selbst nach vorhandenen Methoden den größten Teil der Bausteine der Eiweißstoffe synthetisch hergestellt und dann den Versuch unternommen, Mäuse und Ratten unter Zugabe von Glyzerin, Fettsäuren, Traubenzucker, Mineralstoffen und Wasser (Sauerstoff beziehen die Tiere von sich aus aus der Luft) zu ernähren. Es war mit ganz außerordentlichen Schwierigkeiten verknüpft, die Versuchstiere zur Aufnahme der Nahrung zu bewegen. Manche Versuche scheiterten infolge der Ablehnung der Nahrung. Es glückte in keinem Falle, die Tiere länger als einige Tage im Körpergleichgewicht zu erhalten. Erst als Spuren von Hefe bzw. Kleie bzw. Rüböl u. dgl. der künstlichen Nahrung hinzugesetzt wurden, glückte es, die Tiere über eine längere Zeit hinaus am Leben zu erhalten. Ja, es konnte sogar Wachstum beobachtet werden.

Schon bei den mit verdautem Eiweiß durchgeführten Versuchen hatte sich herausgestellt, daß die besten Resultate mit abgebautem Fleisch und dann noch brauchbare Resultate mit vollständig zerlegtem Kasein erhalten wurden, während bei Verwendung möglichst gut gereinigter Eiweißstoffe die Tiere nach einiger Zeit an

Körpergewicht verloren. Es trat Appetitlosigkeit auf. Zum Teil lichtete sich das Fell. Die Tiere machten einen kranken Eindruck. Jetzt wissen wir, daß zur ausreichenden Ernährung noch bisher unbekannte Stoffe gehören. Sie haben die Namen Vitamine, Nutramine, Ergänzungsstoffe usw. erhalten. Es handelt sich offenbar um Stoffe, die der tierische Organismus nicht selbst bilden kann. Es genügen Spuren davon, um bestimmte unentbehrliche Wirkungen zu entfalten. Es sind Stoffe der genannten Art notwendig, um das Wachstum in Gang zu bringen und zu unterhalten (Wachstumstoffe). Andere haben einen tiefgehenden Einfluß auf die Zellatmung (Atmungsstoffe). Wieder andere sind bei der Assimilation unter Festhaltung der Stoffe in der Zelle unentbehrlich (Assimilations- oder Erhaltungsstoffe). Schließlich kennen wir noch Vitamine, deren Bedeutung im Haushalte des Organismus noch nicht recht verständlich ist. Diese Stoffe haben den Namen antiskorbutische Stoffe erhalten. Fehlen sie in der Nahrung, dann beobachten wir das Auftreten von Blutungen in Schleimhäuten, Lockerung der Zähne usw. Es tritt ein schweres Krankheitsbild, genannt Skorbut, auf. In naher Beziehung dazu steht ein anderes, das bei Kindern beobachtet wird, und das nach dem Entdecker die Möller - Barlowsche Krankheit genannt wird. Hier sei noch angefügt, daß eine fortlaufend vollkommen einseitige Ernährung stets zu schweren Erscheinungen führt. Füttert man z. B. Ratten ständig mit geschliffenem Reis oder mit Mais oder Bohnen usw., dann erlischt nach einiger Zeit die Fortpflanzungsfähigkeit. Ferner stellt sich Appetitlosigkeit ein. Die Tiere vernachlässigen die Hautpflege. Es siedeln sich Parasiten auf ihnen an. Die Haare fallen aus. Oft zeigen die Tiere auch Lichtscheu. Schließlich treten schwere Augenerkrankungen auf. Die Hornhaut trübt sich und geht zugrunde. Damit wird auch das ganze Auge vernichtet. Manchmal treten auch Krämpfe oder Lähmungen auf. Kurz und gut, die einseitige Ernährung schafft im Organismus Bedingungen, die schließlich das Leben vernichten. Verfüttert man Tauben oder anderen Vögeln ständig geschliffenen Reis, dann erhält man nach einiger Zeit schwere Erscheinungen. Die Körpertemperatur sinkt, der Gaswechsel fällt. Es treten Krämpfe auf und manchmal auch Lähmungen. Die Tiere gehen unfehlbar zugrunde, wenn nicht eingegriffen wird. Ganz geringe Mengen von Hefe oder Kleie u. dgl. oder aus diesen

Stoffen hergestellte Auszüge genügen, um wenigstens für einige
Zeit Beseitigung der erwähnten Symptome herbeizuführen. Gibt
man Meerschweinchen z. B. ausschließlich Erbsen zu fressen,
dann treten nach einiger Zeit dieselben Erscheinungen auf, die
beim Menschen beim Ausbruch des Skorbuts beobachtet worden
sind. Auch hier ist charakteristisch, daß ganz geringe Mengen von
Fruchtsäften, von Zitronen- oder Apfelsinensaft genügen, um das
Zustandekommen der Blutungen usw. zu verhindern oder, wenn
sie eingetreten sind, Heilung herbeizuführen, sofern der Zustand
ein nicht zu schwerer ist.

Wir stehen einstweilen, da wir die Vitamine noch nicht kennen,
einem großen Rätsel gegenüber. Es erscheint aber nicht so groß
und auch nicht so unerwartet, wenn man in Betracht zieht, daß
der Organismus selbst in seinen Zellen Stoffe hervorbringt, die
in Spuren bedeutsame Wirkungen entfalten und ebenfalls unentbehrlich sind; und wenn man bedenkt, daß es Aminosäuren
gibt, die ganz spezifische Wirkungen entfalten. So kennen wir
solche, die für das Wachstum unentbehrlich sind. Sobald es gelingt,
die Natur der Vitamine aufzuklären, dann wird man klarer das
Wesen ihrer Wirkung umfassen können. Hervorheben möchten
wir noch an dieser Stelle, daß wir in den Vitaminen eine außerordentlich interessante Wechselbeziehung zwischen Pflanzen- und
Tierreich vor uns haben, ja, vielleicht über jene hinaus zu den im
Ackerboden lebenden Mikroorganismen. Wir kommen auf diesen
Punkt noch zurück.

Wir wollen ganz kurz das Verhalten der vom Darmkanal aufgenommenen Bestandteile des Chymus, d. h. des im Darmkanal
unter der Wirkung der Verdauungssäfte entstehenden Gemisches
von Abbaustufen aller Art im Organismus betrachten. Sämtliche
Zellen verfügen über Fermente. Sie zimmern aus den ihnen zu-
geleiteten Stoffen neue Verbindungen zurecht. Es werden neue
Zellen ausgerüstet. Die vorhandenen Zellen ergänzen ihre Vorräte. Es werden, wie schon erwähnt, spezifisch gebaute Sekret-
und Inkretstoffe erzeugt. Es entstehen dabei viele nicht verwertbare Produkte. Diese werden weiter zerlegt. Dabei können
Synthesen einsetzen und neue, wieder verwertbare Verbindungen
entstehen. So können manche Aminosäuren, nachdem der Stickstoff entfernt worden ist, Baumaterial für Kohlenhydrate
abgeben. Manche Materialien werden direkt als Energiequelle
verwendet. Es kommt zu Spaltungen teils mit, teils ohne Be-

teiligung von Sauerstoff. Den Zellen wird Energie in Form von Wärme zur Verfügung gestellt. Es wird ferner Arbeitsenergie benötigt. Auch dann, wenn wir keine Außenarbeit leisten, vollziehen sich in unserem Körper fortwährend mit Energieverbrauch verbundene Vorgänge. Es sei an die Tätigkeit des Herzens, an die Atemtätigkeit, an die Bewegungen des Darmkanals usw. erinnert.

Überall begegnen die vom Darme aus aufgenommenen Nahrungsstoffe in den Zellen dem Sauerstoff. Er spielt bei den verschiedenartigsten Zellvorgängen eine sehr wichtige Rolle, sei es, daß er z. B. Wasserstoff bindet und dadurch Verbindungen an Sauerstoff reicher werden läßt oder selbst in organische Verbindungen eintritt. Er kommt von den Lungen (ev. Kiemen) aus zur Verteilung im Organismus, und zwar ist es der rote Blutfarbstoff, der ihn bindet. Es ist von höchstem Interesse, daß jener Anteil des ganzen „Blutfarbstoffmoleküls", der den Sauerstoff festlegt, Hämochromogen genannt, Eisen enthält und im übrigen einen Bau aufweist, der dem des Blattfarbstoffes recht nahe steht. Nun kreist die Hauptmenge des Sauerstoffs im Oxyhämoglobin verankert im Blute. Nur ein kleiner Teil des wertvollen, gasförmigen Nahrungsstoffes ist im Blutplasma gelöst. Strömt das Blut in die feinen Kapillaren hinein, dann steht es Zellen gegenüber, die den Sauerstoff zum größten Teil verbraucht haben. Es ist neben Wasser Kohlensäure entstanden. Im Blute haben wir eine höhere Konzentration an Sauerstoff und eine geringere an Kohlensäure als in der Gewebsflüssigkeit und im Zellinhalt. Es erfolgt nach den Gasgesetzen, wonach jede Gasart für sich vom Ort des höheren Druckes nach dem des niederen wandert, bis ein Ausgleich erreicht ist, ein Wandern von Sauerstoff aus dem Blut in die Gewebe und von Kohlensäure in dieses. Mit der Abnahme des frei absorbierten Sauerstoffs zerfällt Oxyhämoglobin in Sauerstoff und Hämoglobin. Dadurch wird immer wieder ein neues Gefälle für den Sauerstoff den Geweben zu erzeugt. Umgekehrt wird in das Blut hinein diffundierende Kohlensäure gebunden und dadurch das Gefälle nach dem Blute zu für diese Verbindung aufrechterhalten. Rasch ist der Gasaustausch vollzogen, und schon eilt das sauerstoffarme und an Kohlensäure reiche Blut den Atmungsorganen zu. Hier vollzieht sich der umgekehrte Vorgang. Sauerstoff diffundiert in das Blut hinein, ist doch die Spannung an diesem Gase größer in der Lungenluft als im Blute. Dadurch, daß aufgenommener

Sauerstoff chemisch gebunden wird, wird das eben hergestellte Gleichgewicht wieder gestört. Es strömt dieses Gas weiter in das Blut hinein. Umgekehrt entflieht Kohlensäure dem Blute. Sie wird aus der Bindung frei. Nun kehrt wieder sauerstoffreiches, d. h. Oxyhämoglobin enthaltendes und an Kohlensäure armes Blut dem Herzen zu, um von da aus in den ganzen Körper verteilt zu werden. Es beginnt in den Geweben der eben geschilderte Gasaustausch von neuem.

Schließlich verlassen den Körper unverwertbare Produkte. Die Kohlensäure wird durch die Lungen ausgeschieden. Die gelösten, festen Stoffe verlassen den Körper mit wenig Ausnahmen durch die Nieren. Es kommt zur Abscheidung von Harn. Dieser wird nach außen abgegeben. Er enthält bei uns im wesentlichen als stickstoffhaltiges Material Harnstoff. Daneben finden sich noch eine Reihe von stickstoffhaltigen und auch stickstofffreien Verbindungen organischer Natur. Endlich sind in ihm Mineralstoffe enthalten.

Ständig bleiben bei der Verdauung Produkte übrig, die nicht resorbiert werden. Sie gelangen schließlich in den Enddarm und werden dann in Form von Kot nach außen befördert.

Unter natürlichen Verhältnissen gelangen Kot und Harn in den Boden. Es vollzieht sich nun ein außerordentlich interessanter Vorgang. Der Harnstoff wird gespalten. Es entstehen Ammoniak und Kohlensäure (bei den Vögeln und Reptilien haben wir an Stelle von Harnstoff Harnsäure; auch sie wird im Boden in gleicher Weise zerlegt). Bei dieser Umwandlung sind Lebewesen beteiligt, die sich im Boden befinden. Das Ammoniak wird weiter verwandelt. Es greifen andere Mikroorganismen ein und stellen unter Oxydation salpetrige Säure her, die dann in Salpetersäure übergeführt wird. Diese wird dann von Basen im Boden gebunden. Interessanterweise ist diese oxydierte Form des Stickstoffs das Hauptausgangsmaterial, von dem aus die Pflanze die Synthese sämtlicher stickstoffhaltigen Verbindungen durchführt. Es ist bis jetzt nicht geglückt, aufzuklären, weshalb die Pflanze oxydierten Stickstoff benutzt, um Verbindungen, die ausschließlich reduzierten Stickstoff enthalten, hervorzubringen. Es muß dieser Umstand eine ganz bestimmte Bedeutung bei dem ganzen Assimilationsprozeß haben.

Die Pflanze entnimmt dem Boden, auf dem sie wächst, Mineralstoffe bestimmter Art und verwendet diese in einem ganz bestimmten Mengenverhältnis zum Aufbau ihrer Zellen. Die Wurzeln führen ihr ferner aus dem Boden, wie schon erwähnt, den Stickstoff in Form von Salpeter (sie kann auch Ammoniak verwenden) zu. Aus der Luft wird Kohlensäure aufgenommen. Die Wasserzufuhr findet im wesentlichen wieder durch die Wurzeln statt. Mit dem erwähnten Material vermag die Pflanze, wie schon S. 20 erwähnt, eine gewaltige Fülle von Synthesen unter Benutzung des Sonnenlichtes als Energiequelle durchzuführen.

Betrachten wir die ganzen Vorgänge aufmerksam, dann ergeben sich ohne weiteres die folgenden Gesichtspunkte: Die Pflanze legt bei der Synthese organischer Substanz Energie fest. Sie benutzt die schon erwähnten Ausgangsmaterialien. Der tierische Organismus übernimmt mit der Pflanzennahrung Energie (umgewandelte Sonnenenergie) unp ferner Kohlenstoffverbindungen verschiedener Art mit einer ganz bestimmten Struktur, und darüber hinaus Mineralstoffe. Die aufgenommenen Stoffe wären für ihn zum großen Teil unverwendbar, wenn er nicht in seinem Darmkanal Fermente besäße, die aus spezifisch gebauten, zusammengesetzten Kohlenstoffverbindungen einfachere Verbindungen zu bilden vermöchten, die keinen Art- und Funktionscharakter mehr besitzen. Im Darmkanal vollzieht sich die Umformung der vom Pflanzenreich dargebotenen Substanzen in Zellnahrungsstoffe. Der tierische Organismus gibt den Pflanzen die Kohlensäure und ferner Mineralstoffe und Wasser in direkt verwendbarer Form zurück. Der Stickstoff dagegen wird in einer Verbindung dem Boden übergeben, in der er für die Pflanze unverwertbar ist. Hier setzt die Tätigkeit der Bodenfauna ein, die in gewissem Sinne das für die Pflanze durchführt, was die Verdauungsfermente für uns im Darmkanal besorgen. Wir stoßen unwillkürlich auf einen Kreislauf des Kohlenstoffs, des Stickstoffs und auch anderer Elemente und vor allen Dingen auch auf einen Kreislauf der Energie. Die eben erwähnten Wechselbeziehungen haben ohne Zweifel immer bestanden, und so können wir gewaltige Zeiträume von einheitlichen Gesichtspunkten aus betrachten, sofern wir die erwähnten biologischen Grundgesetze ins Auge fassen. Sobald wir den Versuch machen, in die Tiefe der Probleme einzudringen, dann ergeben sich sofort neue Schwierigkeiten.

Wir sprachen soeben von einem Kreislauf. Ist dieser nun ein q u a n t i t a t i v e r, d. h., gibt der tierische Organismus der Pflanzenwelt die von ihr bezogenen Stoffe restlos zurück und, falls das der Fall sein sollte, arbeitet die Bodenfauna quantitativ, d. h., verwandelt sie organisch gebundenen Stickstoff ausschließlich in jene Form, von der aus die Pflanze die Synthese stickstoffhaltiger Materialien durchführen kann?

Was nun die erstere Frage anbetrifft, so zeigt ein Blick in die Natur, daß nur in ganz gewaltigen Zeiträumen von einem Kreislauf die Rede sein könnte. In Wirklichkeit sind immer große Mengen vor allen Dingen von Kohlenstoff und auch von Stickstoff festgelegt. Sämtliche Lebewesen enthalten in sich Kohlenstoff, Stickstoff (natürlich auch andere Stoffe), die zwar zum Teil ausgetauscht werden, jedoch solange sie im Organismus ihre Aufgabe erfüllen, dem Kreislauf entzogen sind. Nun gehen ständig Pflanzen und Tiere und auch Mikroorganismen zugrunde. Dabei vollzieht sich ein außerordentlich interessanter Vorgang. Kaum hat das Leben aufgehört, so ist das außerordentlich feine Zusammenspiel aller im Organismus vorhandener Stoffe endgültig gestört. Der fortwährende Kampf um Gleichgewichte, die immer wieder gestört und wieder errungen werden, hat aufgehört. Es scheint fast so, als hätte die Natur in die Zellen hinein Stoffe gelegt, und zwar Fermente, die seinerzeit beim Tode die Aufgabe haben, die der Natur in gewissem Sinne entliehenen Produkte dem allgemeinen Kreislauf zurückzugeben. Es treten Bedingungen in den Zellen auf, unter denen jene Fermente wirksam werden. Es erfolgt eine Spaltung der zusammengesetzten Zellbestandteile. Man nennt diesen Vorgang S e l b s t a u f l ö s u n g = A u t o l y s e. Sehr bald wandern vom Darmkanal und später auch von der Haut und anderen Stellen des Körpers aus Bakterien in die Gewebe ein. Sie setzen das Zerstörungswerk in großem Maßstabe fort. Schließlich wird das ganze wundervolle Werk vollständig in Kohlensäure, Salpetersäure, Phosphorsäure, Schwefelsäure, Wasser und Mineralstoffe übergeführt, d. h., es entstehen durch die Zusammenarbeit zahlreicher Organismen, die ihrerseits die Gewebsstoffe in ganz bestimmter Weise zerlegen, Produkte, die der Pflanze als Ausgangsmaterial zu neuen Synthesen dienen.

Hervorheben möchten wir noch, daß auch die abgestorbene Pflanze in genau derselben Weise zum Abbau kommt. Das gleiche gilt auch für die Mikroorganismen, wie überhaupt für alle Lebewesen. Da, wo eben der Tod seine Ernte gehalten hat, erblüht bald wieder neues Leben! Es entwickeln sich Pflanzen mit aller ihrer Pracht. Schon naht sich wieder das Tier und verzehrt diese und verwendet ihre Bestandteile zu seinen speziellen Zwecken.

Es ist von wesentlicher Bedeutung, daß in dem ganzen Kreislauf der Stoffe die Mikroorganismenwelt eingeschlossen ist. Ohne ihre Vermittlung würde der Pflanzen- und Tierorganismus nicht wieder in jene Formen übergeführt werden können, von denen aus die Pflanze ihre Synthesen vollführen und damit ihr Leben sicherstellen kann. Kein Glied in der ganzen Organismenwelt ist ohne wesentliche Bedeutung. Wir betrachten auch heute noch zahlreiche Tier- und Pflanzenformen mit staunendem Interesse, ohne zu ahnen, welche Bedeutung dem speziellen Lebewesen in der gesamten Natur zukommt, und doch wird ganz sicher auch dieses ein Glied in der gesamten Kette der Wechselbeziehungen in der Natur darstellen.

Bei genauerem Zusehen hat sich nun ergeben, daß im Boden Mikroorganismen vorhanden sind, die Stickstoff in Freiheit setzen. Nun haben ganz genaue Untersuchungen gezeigt, daß weder der tierische Organismus, noch die Pflanzenwelt im allgemeinen für den freien Stickstoff eine Verwendung haben. Wir atmen ständig mit der Luft Stickstoff ein. Er kreist in unserem Blute. Er wird aber von keiner Zelle verwertet. Die erwähnte Beobachtung mußte große Bedenken erwecken. Der Verlust an gebundenem Stickstoff, der durch jene Lebewesen entsteht, läßt sich natürlich nicht abschätzen. Fände kein Ersatz statt, dann wäre vorauszusehen, daß nach einem gewissen Zeitraum die Existenzbedingungen für Pflanzen- und Tierreich immer mehr und mehr eingeschränkt würden. Glücklicherweise gibt es nun eine ganze Reihe von niederen Pflanzen und Mikroorganismen, die den freien Stickstoff wieder in Bindung überführen können. Ob nun die Stickstoffinfreiheitsetzung und die Stickstoffbindung sich das Gleichgewicht halten, läßt sich nicht aussagen.

Der Mensch sucht bei allen Vorgängen, die er in der Natur beobachtet, nach einem Zweck. Wir wollen hier unerörtert lassen, inwieweit das berechtigt ist. Das eine steht fest, daß das Suchen nach einem für uns faßbaren Sinn der Naturvorgänge es ist, das uns immer wieder vorwärtstreibt und auch neue Entdeckungen zeitigt. So fragte man sich auch, was für eine Bedeutung es haben könnte, daß in der Natur Lebewesen vorhanden sind, die durch Infreiheitsetzung von Stickstoff den Fortbestand der übrigen Lebewesen bedrohen. Man hat daran gedacht, daß die erwähnten Mikroorganismen vor allen Dingen im Meere eine sehr wichtige Rolle spielen könnten. Sie regulieren in gewissem Sinne den Gehalt des Meerwassers und des Meerbodens an gebundenem Stickstoff. Der in Freiheit gesetzte Stickstoff wird dem Festlande durch Vermittlung jener Lebewesen, die den freien Stickstoff binden können, wieder zugeführt.

Die den Stickstoff bindenden Lebewesen sind, zum Teil allerdings unbewußt, schon sehr lange bekannt. Der Landwirt hat schon längst herausgefunden, daß es nicht angängig ist, auf demselben Ackerstück fortlaufend Getreide oder fortlaufend Klee, Lupinen usw. anzupflanzen. Er hat aus der Erfahrung heraus die Wechselwirtschaft eingeführt. Die genaue Analyse hat dann ergeben, daß insbesondere Schmetterlingsblütler es sind, die sich mit stickstoffbindenden Bakterien zusammentun. Wir haben einen Vorgang vor uns, der den Namen Symbiose erhalten hat. Es wandern bestimmte Bakterien in die Wurzeln jener Pflanzen ein. Durch den dadurch bewirkten Reiz entsteht in diesen ein ganz eigenartiges Gewebe. In diesem vermehren sich die sog. Wurzel- oder Knöllchenbakterien. Während die Wirtspflanze in gewissem Sinne die Wohnung und gewiß auch sonst manche Vorteile für die Bewohner (die Bakterien) liefert, spenden jene gebundenen Stickstoff.

Nun hat der Mensch mit seiner Kultur und der Entwicklung der Industrie und dem damit zusammenhängenden engen Zusammenwohnen vieler Menschen den Kreislauf der Stoffe in der Natur ganz erheblich gestört. Zunächst wurde es notwendig, Harn und Kot, anstatt diese kostbaren Produkte dem Ackerboden zurückzugeben, in Flüsse zu leiten. Gewiß werden auch in diesen Fällen manche Stoffwechselendprodukte dem Ackerboden zugute kommen (durch das Grundwasser, durch Überschwemmungen usw. usw.). Ein großer Teil davon gelangt aber schließlich ins Meer. Ferner werden viele tierische Produkte, Leichen usw. verbrannt. Dabei wird freier Stickstoff gebildet. Endlich benutzt der Chemiker gebundenen Stickstoff zur Erzeugung von zahlreichen Verbindungen (Farbstoffen, Arzneimitteln usw.), doch macht diese Festlegung von Stickstoff der Menge nach nicht viel aus; dagegen werden jedesmal große Mengen von Stickstoff in Freiheit gesetzt, wenn z. B. Salpeter oder andere stickstoffhaltige Verbindungen, wie Nitroglyzerin usw., zur Explosion kommen. Dazu kommt noch, daß die dichte Bevölkerung immer größere Ansprüche an die Pflanzenwelt stellt. Die Ausnützung des Bodens wird immer mehr gesteigert. Gewaltige Landstrecken, die in Amerika, China, Rußland und anderen Ländern niemals zur systematischen Lieferung von Pflanzennahrung für Mensch und Tier herangezogen worden sind, werden jetzt zum Anbau von Kartoffeln, Getreide usw. verwendet. Nun kann jedoch das Pflanzenwachstum nicht nach Belieben gesteigert werden. Es ist vollständig von der Menge der zur Verfügung stehenden Nahrungsstoffe abhängig. Kohlensäure steht in reicher Menge zu Gebote, sind doch in der gesamten Luft nach einer Berechnung von Schroeder 2100 Billionen Kilogramm Kohlensäure enthalten. Dagegen tritt, wenn ein Stück Land wiederholt mit einer bestimmten Pflanzendecke versehen ist, nach und nach Mangel an gebundenem Stickstoff, an Phosphorsäure und ferner an bestimmten Mineralstoffen und vor allen Dingen an Kalium, Kalzium, Natrium, Magnesium usw. ein. Die Menge an gebundenem Stickstoff kann durch Anpflanzung von Schmetterlingsblütlern und Unterpflügung der entstandenen Pflanzen einigermaßen ergänzt werden, allein es wird viel Zeit verloren, während welcher Getreidearten, Kartoffeln usw. sich entwickeln könnten.

Der menschliche Geist hat nicht geruht, bis er die vorhandenen Schwierigkeiten überwunden hatte. Zunächst wurde in der Landwirtschaft eine Wechselbeziehung zwischen dem Viehstand und der mit Nahrungsmitteln für die menschliche Ernährung in Anspruch genommenen Ackerfläche herbeigeführt. Gleichzeitig ließen sich Milch, Eier und Fleisch hervorbringen. Bald erkannte man, daß durch sog. künstliche Düngemittel nachgeholfen und dadurch die Zahl und Ergiebigkeit der Ernten gesteigert werden kann.

In Chile entsteht unter Bakterienwirkung beständig in großen Mengen Salpeter. Es sind in jenen Gegenden besonders günstige Bedingungen für die Tätigkeit der erwähnten Lebewesen

vorhanden. Dieser Salpeter wurde bald ein sehr gesuchter Handels-
artikel. Ferner fing man an, jene Stickstoffverbindungen,
die in der Kohle enthalten sind, aufzufangen. Man hatte sie
früher, namentlich bei der Gasbereitung, einfach entweichen
lassen. Ferner bildet der Guano ein sehr gutes Düngemittel.
Er besteht aus dem Kloakeninhalt zahlreicher Vogelarten, ver-
mengt mit vermoderten Tierleichen usw.

Mit Schrecken erkannte man, daß die Quellen für gebundenen
Stickstoff, die zur künstlichen Düngung herangezogen werden
können, mehr und mehr zurückgingen. Die Ansprüche an den
Chilesalpeter, an den Guano wurden immer größer. Gleichzeitig
setzte eine Vernichtung ungezählter Vögel zur Gewinnung des
Gefieders ein. Die Ausbeute an Guano ging besonders stark
zurück. Pessimisten fingen schon an, genau auszurechnen, wann
die Tier- und Pflanzenwelt auf der Erde ein Ende finden würde!
Es war gar kein Zweifel, daß die Menge des gebundenen Stickstoffes ständig zurückging. Aber auch hier kam Hilfe. Durch
eine Reihe von Erfahrungen gelang es, den freien Stickstoff der
Luft zu binden. Bei jedem Gewitter folgt der elektrischen Entladung die Bildung von salpetriger Säure, d. h., es wird Stickstoff
oxydiert. In Anlehnung an dieses „Verfahren" begann man,
den elektrischen Strom zur Bindung von Stickstoff nutzbar zu
machen. Ferner machte man sich den Umstand zunutze, daß
Karbide Stickstoff binden. Alle Methoden zur Stickstoffbindung
überragt das von Haber nach vielen, außerordentlich interessanten Vorversuchen entdeckte Verfahren der Vereinigung
von Stickstoff mit Wasserstoff unter hohem Druck unter Verwendung eines die ganze Reaktion stark beschleunigenden
Stoffes (genannt Katalysator). Es ist nun möglich, gewaltige
Mengen von Stickstoff aus der Luft herunterzuholen und in
gebundener Form dem Ackerboden zurückzugeben. So ist denn
die Gefahr einer zunehmenden Verarmung der Erde an gebundenem Stickstoff behoben. Erwähnt sei noch, daß jetzt in
vielen Städten Harn und Kot in Form von Kläranlagen auch
zum Nutzen der menschlichen Ernährung verwendet werden,
indem das durch jene Stoffe gedüngte Land dem Anbau von
Gemüse usw. dient.

Die Wissenschaft hat noch in anderer Weise für Erweiterung
der Möglichkeit der Schaffung von Nahrungsmitteln für die Ernährung von Mensch und Tier gesorgt, und zwar in einer sehr

interessanten Weise. Zahlreiche Pflanzen liefern Farbstoffe, wieder andere Alkaloide, die vielfach bei der Behandlung von Kranken Verwendung finden. Es ist nun der chemischen Forschung gelungen, in einer ganzen Anzahl von Fällen bestimmte Farbstoffe und Alkaloide im Laboratorium herzustellen. Da die von der chemischen Industrie hervorgebrachten Farbstoffe und Alkaloide unabhängig von den Witterungsverhältnissen und den Jahreszeiten sind, vermochten die künstlich hergestellten Produkte mit großem Erfolg die von bestimmten Pflanzenarten hervorgebrachten, entsprechenden Verbindungen aus dem Felde zu schlagen. Dadurch wurden gewaltige Strecken Landes, die bis dahin zum Anbau der betreffenden Pflanzen gedient hatten, zur Anpflanzung von Getreide, von Kartoffeln usw. frei. Der menschliche Geist ruht nicht, bis er noch weitere Gebiete erobert hat. Es sei an die erfolgreichen Bemühungen, Kautschuk synthetisch herzustellen, erinnert.

Auf die erwähnte Weise vermag die chemische Wissenschaft unserer Ernährung erfolgreich zu dienen. Niemals wird sie die erwähnte Aufgabe dadurch lösen können, daß sie den Versuch unternimmt, unsere Nahrung im Laboratorium zu bereiten. Die Natur bietet die für uns notwendigen Nahrungsstoffe in der richtigen Zusammensetzung und im richtigen Mengenverhältnis dar. Solange wir uns auf natürliche Weise ernähren, besteht keine Gefahr einer Schädigung durch das Fehlen des einen oder anderen wichtigen Nahrungsstoffes. Von größter Bedeutung ist, daß die einzelnen in der Nahrung enthaltenen Stoffe in einem bestimmten Mengenverhältnis zueinander vorhanden sind.

Wir haben oben erwähnt, daß die natürliche Art der Ernährung des Ackerbodens, genannt Düngung, ergänzt und vielfach sogar durch Zufuhr von künstlichen Düngemitteln so gut wie ersetzt worden ist. Wir dürfen an der außerordentlich wichtigen Frage nicht vorübergehen, ob nicht im Laufe der Zeit sich Schäden herausstellen können. Wir müssen den Ackerboden als lebenden Organismus betrachten. Er enthält zahlreiche Organismenarten und stellt in dieser Hinsicht eine Welt für sich dar. Alle in ihm vorhandenen Lebewesen stehen in irgendeiner Weise in Wechselbeziehung zueinander. Es vollziehen sich ununterbrochen umfassende Stoffwechselvorgänge im Boden. Wir haben schon erwähnt, daß es Mikroorganismen gibt, die Harnstoff in Kohlensäure und Ammoniak zerlegen; andere oxydieren das entstandene Ammoniak und lassen schließlich Salpetersäure hervorgehen. Beständig sterben im Boden Lebewesen ab. Es gehen Pflanzen und Tiere und auch Mikroorganismen aller Art zugrunde. Überall greifen andere Lebewesen ein, um in der früher geschilderten Weise wieder Material zur Ernährung von verschiedenen Lebewesen hervorgehen zu lassen. Wenn wir von einem Kreislauf der Energie und der Stoffe sprechen, so können wir ebenso von einer Art des Kreislaufes des Lebens reden. Wir können die künstliche Ernährung des Bodens mit der künstlichen Ernährung des tierischen Organismus vergleichen. Wie bei diesem es außerordentlich schwer fällt, alle notwendigen Stoffe auf die Dauer ausreichend zuzuführen und trotz oft recht guten Aussehens sich in verschiedener Richtung Störungen entwickeln (Abnahme der Fortpflanzungsfähigkeit, minderwertige Nachkommen usw.), so ist es auch denkbar, daß der künstlich gedüngte Boden mit der Zeit Veränderungen zeigt, die nicht ohne Bedeutung für die ganzen ihn bewohnenden und auf ihn angewiesenen Organismen sind. Wir wissen, wie außerordentlich rasch die unseren Darmkanal bewohnenden Mikroorganismen durch die Art der aufgenommenen Nahrung beeinflußt werden können. Bald sind für diese Bakterien, bald für jene die Lebensbedingungen besonders günstige. Die ganze Technik der Reinkultur von Mikroorganismen beruht in letzter Linie auf der Schaffung von Lebensbedingungen, die für eine bestimmte Bakterienart ganz besonders günstige sind. Aus einer Mischkultur lassen sich durch Veränderung des Milieus bestimmte Mikroorganismen im Wachstum unterdrücken, während andere überwuchern. Diese Beobachtungen geben zu denken. Trifft es zu, daß manche Vitamine der Tätigkeit von Bodenbakterien ihre Bildung verdanken, dann wäre es z. B. denkbar, daß ein Mangel an solchen auftreten könnte, wenn der Boden in einseitiger Weise ernährt würde. Nun wird ja im allgemeinen die künstliche Düngung kaum dazu führen können, daß die Ernährung der den Boden bevölkernden Lebewesen wirklich einseitig wird, weil immer wieder Zellen zugrunde gehen, wodurch einer einseitigen Ernährung des Bodens beständig entgegengearbeitet wird. Immerhin wird es gut sein, beständig daran zu denken, daß der Boden als Lebewesen, d. h. als Zusammenfassung einer großen

Anzahl verschiedener Organismen, die alle in Wechselbeziehung zueinander stehen, zu betrachten ist.

Wir haben oben erwähnt, daß der Kreislauf der Energie und der Stoffe dadurch unterbrochen ist, daß sämtliche Lebewesen Energie enthaltendes Material in bestimmten Verbindungen festhalten. Solange diese Produkte am Aufbau von Zellen usw. teilnehmen und dadurch dem Umsatz entzogen sind, ist der Kreislauf unvollständig. Es bestehen außerdem noch ganz gewaltige Lücken im Kreislauf, indem unermeßlich große Mengen von Sonnenenergie in den Torf- und Kohlenlagern festgehalten sind. Dazu kommen dann noch die großen Lager an Ölen. Beständig vollzieht sich jetzt noch die Torfbildung in gewissen Zonen unseres Erdballes, und darüber hinaus entsteht auch beständig noch Kohle. In unermeßlich großen Zeiträumen haben sich gewaltige Lager von Kohle und von Erdölen zusammengefunden. In diesen Lagern ist neben relativ geringen Mengen von gebundenem Stickstoff Kohlenstoff festgelegt. Die Kohle entsteht nebst dem Torf aus Pflanzenresten, und zwar dürften speziell bei der Kohlenbildung die Ligninsubstanzen, die in der Zellulose des Holzes eingelagert sind, das wesentlichste Ausgangsmaterial bilden, wie vor allen Dingen Franz Fischer nachgewiesen hat. Der Mensch hat seit relativ kurzer Zeit begonnen, die gefesselte Sonnenernergie wiedei freizumachen, indem er Torf, Kohle und Erdöle in der mannigfaltigsten Weise zur Energieerzeugung verwendet.

Wenn wir unseren Ofen mit Kohle heizen, dann strahlt uns Wärme entgegen, die vor vielen Tausenden von Jahren einst als Sonnenlicht die Erde bestrahlt hat! Das Licht der Petroleumlampe berichtet uns von gewaltigen Naturereignissen. Wahrscheinlich stammen die Erdöle aus Leichen von Tieren und vor allen Dingen von Fischen. Auch in ihnen ist Sonnenlicht gebannt, das vor ganz gewaltigen Zeiträumen auf die Erde niedergestrahlt ist.

Kohlenstoff ist außerdem noch in gewaltigen Mengen in Gesteinen festgelegt. Solange Karbonate bestehen, ist Kohlenstoff dem Kreislauf entzogen. Wir haben oben erwähnt, daß ständig ein Kampf z. B. zwischen Kieselsäure und Kohlensäure stattfindet. Je nach den vorhandenen Bedingungen treibt die Kohlensäure Kieselsäure oder umgekehrt die letztere die erstere aus.

Es gibt keine reizvollere Aufgabe, als die Lebensgeschichte der einzelnen Elemente zu schreiben. Insbesondere lockt die Schilderung der Erlebnisse des Kohlenstoffatoms und auch des Stickstoffes. Innig verknüpft mit deren Schicksal sind Sauerstoff und Wasserstoff. Würde ein bestimmtes Kohlenstoffatom seine Lebenserinnerungen niederlegen können, dann würde sich uns die Erdgeschichte von Millionen von Jahren entrollen! Wir würden bemerken, daß in dieser ganzen Zeit die grundlegenden Vorgänge immer dieselben waren. Denken wir uns in Zeiten zurück, die viele Tausende von Jahren hinter uns liegen. Gewaltige Farne, Equisetumarten usw. bedecken ein sumpfiges Gelände. Neben zahlreichen Insekten tummeln sich viele Tierarten. Wirbellose und Wirbeltiere sind vertreten. Die letzteren sind nach unseren jetzigen Begriffen von ganz gewaltigen Dimensionen, soweit wir die jetzt lebenden Landtiere zum Vergleich heranziehen; sobald wir jedoch die großen Meeressäugetiere den betreffenden Riesen gegenüberstellen, dann erkennen wir, daß auch heute noch Tiere von ganz gewaltigen Ausmaßen vorhanden sind.

Greifen wir ein bestimmtes Kohlenstoffatom heraus! Es sitzt eben im Molekül von Blattfarbstoff, und dieser befindet sich in wundervoll organisierten Zellen eines Farns. Das Kohlenstoffatom ist für sich allein nicht befähigt, Lebensfunktionen auszuführen, wohl aber in Zusammenhang mit einer ganzen Reihe anderer Kohlenstoffatome. Mit diesen und dem Stickstoff und Magnesium vereinigt, ist eine Verbindung entstanden, die eingelagert in Zellinhaltsstoffe in einem ganz bestimmten Zustand erhalten wird. Nun ist das betreffende Kohlenstoffatom mit anderen Elementen zusammen in lebhafter Tätigkeit. Aus der Luft wird Kohlensäure aufgenommen und sogleich gebunden, wodurch ein immer neues Gefälle entsteht. Die Sonne brennt heiß auf das Land herab. Unausgesetzt wird Sonnenenergie in chemische Energie verwandelt. So lebt denn unser Kohlenstoffatom unbesorgt dahin und erfüllt im ganzen Reigen des Lebens eine bestimmte Aufgabe.

Eines schönen Tages wird das Blatt, dem unser Kohlenstoffatom angehört, von den gewaltigen Füßen eines Ichthyosaurus niedergetreten. Noch leben die Blattzellen weiter und vollführen ihre Funktion. Sie sind jedoch von den übrigen Zellen des gesamten Organismus abgeschnitten. Weder können sie die von ihnen gebildeten Stoffe weiterleiten, noch empfangen sie jene so wichtigen Nahrungsstoffe, die die Pflanze mit den Wurzeln aus dem Boden aufnimmt. Es sind die betreffenden Bahnen zerstört. Das Blatt fängt an zu welken. Der schöne grüne Farbstoff ändert seine Farbe. Er wird gelb, dann braun. Wohl war eine Zeitlang noch das Molekül des Blattfarbstoffes unverändert zugegen, vergeblich wirkte Sonnenlicht ein. Es fehlten die Bedingungen zur Kohlensäureassimilation. Die Zellen des betreffenden Blattes mit ihren Inhaltsstoffen zerfallen. In den Boden hinein sinkt unser Kohlenstoffatom mit vielen anderen Stoffen. Mikroorganismen stürmen auf die kunstvoll zusammengesetzten Produkte ein. Unser Kohlenstoffatom wird mit rauher Hand aus seinem Verbande herausgerissen. Es bleibt in Kameradschaft mit Sauerstoff und entweicht eines schönen Tages als Kohlensäure in die Luft. Lange vollführt jetzt unser Kohlenstoffatom ein freies Dasein, immer verknüpft mit Sauerstoff, bis es eines schönen Tages an einem Angriff auf Silikate teilnimmt und mit Erfolg Kieselsäure in Freiheit setzt, um selbst sich der Basen zu bemächtigen, an die diese Säure bisher gebunden war. Nun ist unser Kohlenstoffatom auf Jahrhunderte, vielleicht Jahrtausende, ja vielleicht auf Millionen von Jahren festgebannt, bis eines schönen Tages die Kieselsäure das Karbonat zersprengt oder vielleicht bei großen Naturereignissen, wie bei dem Ausbruch eines Vesuvs u. dgl., Kohlensäure in die Luft gejagt wird.

Nun durchmißt unser Kohlenstoffatom in Form von Kohlensäure wieder den gewaltigen Luftraum, bis sich wieder eine Wechselbeziehung mit der Pflanzenwelt anbahnt. Nun ist unser Kohlenstoffatom selbst von einer Pflanze aufgenommen und an den Blattfarbstoff gebunden worden. Es verbindet sich mit Wasser. Es wird ihm Sauerstoff entrissen. Unser Kohlenstoff findet sich im nächsten Augenblick als Glied der Verbindung Formaldehyd. Dieser wird zu Traubenzucker kondensiert, aus dem dann Stärke hervorgeht.

Nunmehr ruht unser Kohlenstoffatom in einem großen Lager von Stärkekörnern, bis eines schönen Tages die Pflanze dieses räumt. Die Stärkebestandteile zerfallen unter Wirkung von Fermenten in Traubenzuckermoleküle. Daraus formen nun bestimmte Pflanzenzellen bestimmte Verbindungen. Unversehens ist unser Kohlenstoffatom Bestandteil eines wundervollen Blütenfarbstoffes geworden. Prachtvolle Insekten aller Art umgaukeln die schöne Blume. Sie hat keinen ewigen Bestand. Sie beginnt zu welken. Der Farbstoff verändert sich. Es geraten Teile der Inhaltsstoffe der Zellen der Blüte in den allgemeinen Säftestrom der Pflanze. Unser Kohlenstoffatom wird aus Verbindungen mit anderen Elementen herausgerissen und findet sich auf einmal als Baustein von Eiweiß wieder. In diesem steht es nicht nur in Verbindung mit Sauerstoff und Wasserstoff, sondern es hat sich noch Stickstoff und auch Schwefel hinzugesellt. Jetzt ist unser Kohlenstoff wieder mitten in lebhafter Tätigkeit. Es finden zahlreiche Umsetzungen statt. Da naht sich eines schönen Tages ein Tier und zermalmt die Pflanze zwischen seinen Zähnen. Unser Kohlenstoff findet sich auf einmal im Magen seines Räubers. Mit anderen Elementen zusammen wird er unsanft aus der Beziehung zu anderen Gruppen herausgerissen. Unser Kohlenstoffatom rutscht noch mit ähnlichen Verbindungen, in der es sich befindet, in den Darm hinein. Hier vollzieht sich nun noch ein viel umfassenderer Abbau. Als Aminosäure tritt nun unser Kohlenstoffatom durch wunderbar gebaute Zellen des Darmrohres hindurch und gerät in eine rote Flüssigkeit, nämlich in das Blut hinein. Mit großer Geschwindigkeit gelangt jene Aminosäure durch die Pfortader in die Leber. Hier wird sie zurückgehalten und mit anderen gleichen oder ähnlichen Verbindungen wieder zu einem größeren Komplex zusammengeschmiedet. Unser Kohlenstoffatom arbeitet als Teil einer Leberzelle und hilft in ausdauernder Arbeit Galle bereiten. Beständig werden Blutbestandteile und vor allen Dingen rote Blutkörperchen zerlegt und aus dem Blutfarbstoff Gallenfarbstoff gebildet. Die Zelle, in der unser Kohlenstoffatom im Verbande mit anderen Elementen beteiligt ist, geht eines schönen Tages zugrunde. Die Zellbestandteile werden zerlegt. Unser Kohlenstoffatom gelangt in den Blutstrom und geht mit Kohlenstoff, Sauerstoff und Stickstoff zusammen wieder in Form einer Aminosäure nach dem Gehirn und wird dort wiederum zum Aufbau von Eiweiß verwendet. Jedoch ist dieses Mal ein ganz anderer Eiweißstoff entstanden. Er hat sich mit einem anderen Komplex zusammengetan und bildet den Kern einer Nervenzelle. Nun hat unser Kohlenstoffatom eine ganz besonders wunderbare Aufgabe zu erfüllen. Es wirkt bei der Bildung von Gedanken und Vorstellungen mit, bis auch hier es bei Gelegenheit ausgeschaltet und wieder der Leber zugeführt wird. Es ist wieder in Form einer Aminosäure zur Beförderung gelangt. In der Leber wird der Verbindung übel mitgespielt. Der Stickstoff wird mit Wasserstoff zusammen aus ihr entfernt. Es entsteht eine stickstofffreie Verbindung, z. B. Brenztraubensäure, und ehe sich unser Kohlenstoffatom versieht, ist es auf einmal wieder ein Teil eines Reservestoffes geworden, nämlich des Glykogens. Der Kohlenstoff ist in diesem Komplex nicht für so lange gebannt wie seinerzeit im Stärkekorn. Sein Besitzer, das Tier, verrichtet Arbeit. Es geht auf Raub aus. Seine Muskeln bedürfen der Energie. Bald sind die zur Verfügung stehenden Vorräte an Energiequellen erschöpft. Es wird Traubenzucker aus dem Blut bezogen. Sein Zuckergehalt sinkt. Das ist ein bedeutungsvolles Signal für die Leber, die nun durch Sendboten veranlaßt wird, Glykogen abzubauen und dem Blute Traubenzucker zu übergeben. So ist denn unser Kohlenstoffatom glücklich in Form von Traubenzucker in Muskelzellen hineingeraten. Hier wird es mit Phosphorsäure vereinigt und dann nach mannigfachen Umwandlungen gespalten. Unser Kohlenstoffatom findet sich in Milchsäure gebunden in der Muskelzelle wieder. Des Bleibens dieser Verbindung ist nicht lange. Sie wird oxydiert, wobei Energie frei wird und Kohlensäure und Wasser entstehen, allerdings nicht direkt, sondern nach komplizierten Umsetzungen. Die Energie wird verwendet, um Milchsäuremoleküle zusammenzuschweißen. Es wird der Muskelzelle wieder Energiematerial zu neuer Tätigkeit hinterlassen.

Unser Kohlenstoffatom ist nun glücklich wieder mit Sauerstoff und Wasserstoff zu Kohlensäure vereinigt. Sie durcheilt im Blute, gebunden an Basen, eine Reihe von Organen. Beinahe wäre sie in der Lunge aus ihrem Verbande herausgeworfen worden. Es ist ihr jedoch noch eine andere Bestimmung zugedacht. Sie ist mit Stickstoff und Wasserstoff in einer Leberzelle zu Harnstoff vereinigt worden. Nun hat unser Kohlenstoffatom seine Rolle im tierischen Organismus für einige Zeit wieder ausgespielt. Die Nierenzellen bemächtigen sich des Harnstoffs und werfen ihn aus dem Körper heraus. Unser Kohlenstoffatom ist nun im Harnstoff Bestandteil von Harn geworden. Dieser wird dem Boden übergeben. Schon stürzen sich Mikroorganismen mit ihrem Fermentapparat auf ihn. Wieder steigt unser Kohlenstoffatom an Sauerstoff gebunden als Kohlensäure in die Luft.

So vollzieht sich in unfaßbar großen Zeiträumen dieses wechselvolle Spiel. Bald nimmt der Kohlenstoff Anteil an Lebensvorgängen, bald schwebt er in der Luft, bald ist er an Basen gebunden und ist in dieser Form Baustein von Gesteinen. In buntem Reigen schwebt der Kohlenstoff zwischen belebter und unbelebter Natur, zwischen Tier-, Mikroorganismen- und Pflanzenwelt hin und her.

Unser Kohlenstoff ist wieder in Form von Kohlensäure in die Luft zurückgekehrt. Er war nicht weit gekommen, denn schon war er wieder in Pflanzenzellen hineingeraten und unter Sauerstoffabsprengung zur Bildung von organischer Substanz verwandt. Dieses Mal hat er noch eine neue Eigenschaft erhalten. In den vier Wertigkeiten, die er zu vergeben hat, sitzen vier verschiedene Atomgruppen in ganz bestimmter räumlicher Anordnung. Unser Kohlenstoff ist Träger der Asymmetrie der Verbindung geworden, an deren Aufbau er beteiligt ist. Nach vielen Verwandlungsformen und Umwandlungen ist er schließlich in der betreffenden Pflanze, die zu einem gewaltigen Baum sich entwickelt hat, Bestandteil des Holzes geworden. Er ist in ringförmig angeordneten Verbindungen enthalten. Der Baum bricht eines schönen Tages zusammen. Das Leben enteilt ihm. Er versinkt immer mehr und mehr im Boden. Es vollziehen sich unter Mitwirkung zahlreicher Lebewesen umfassende Stoffwechselprozesse. Es verbleibt der Kohlenstoff mit anderen Stoffen gemeinsam als Kohle im Boden. Nun ruht der Kohlenstoff viele Jahrtausende hindurch. Er hat keinen Anteil mehr am Kreislauf, bis eines schönen Tages Menschen kommen und ihm wieder Sauerstoff zur Verfügung stellen. Die Kohle wird verbrannt, und aus dem Schornstein enteilt unser Kohlenstoff, wieder zu neuer Triebsamkeit erwacht, in Form von Kohlensäure, und nun beginnt der Reigen dieses so unendlich mannigfaltigen Schicksales von neuem!

So ließe sich von jedem einzelnen Elemente, das bald der unbelebten, bald der belebten Natur angehört, in gleicher Weise eine Lebensgeschichte schreiben. Nehmen wir den Stickstoff! Er ist bei weitem nicht so unternehmungslustig wie der Kohlenstoff, fehlt ihm doch die Möglichkeit, sich mit den verschiedenartigsten Atomgruppierungen zu verbinden. Vor allen Dingen geht er nur unter Zwang eine Verbindung mit anderen Stickstoffatomen ein. Unser Stickstoffatom befindet sich in dem gewaltigen Luftmeer in großer Menge. Es durcheilt in freier Form die Lufthülle, die die Erde umgibt. Ab und zu kehrt es in eine Pflanze oder in ein Tier ein. Es ist z. B. im Blute gelöst, durchwandert auch Zellen, ohne jedoch irgendwelche Beziehungen anzuknüpfen. Es freut sich seiner Freiheit, bis es einfachen Pflanzenarten bzw. Mikrorganismen zum Opfer fällt. Eben hat sich unser Stickstoffatom einmal mit Luft in den lockeren Ackerboden hineinbegeben, schon wird es von eigenartigen Zellen, die sich, ohne lange zu fragen, in Wurzeln von Pflanzen wohnlich eingerichtet haben, ergriffen. Ehe es sich unser Stickstoffatom versieht, ist es z. B. einer Verbindung eingegliedert, die der Chemiker Aminosäure nennt, und sehr rasch ist dann diese Baustein von Eiweiß geworden. So vollführt denn unser Stickstoffatom nunmehr wichtige Aufgaben im Stoffwechsel der betreffenden Mikroorganismen. Schließlich befördert die Zelle, deren Bestandteil unser Stickstoffatom war, Stoffe aus sich heraus. Sie wandern zur Pflanze empor. Unser Stickstoffatom ist Baustein von Blattfarbstoff geworden und hilft nun eifrig bei der Kohlensäureassimilation mit. Diese Tätigkeit wird durch das Eingreifen eines Tieres plötzlich unterbrochen. Dieses frißt die Pflanze. Unser Stickstoffatom erleidet dasselbe Schicksal wie das Kohlenstoffatom. Die kunstvoll gebaute Verbindung Eiweiß wird im Verdauungskanal vollkommen zerlegt. Es bleiben Aminosäuren übrig. In dieser Form durchwandert unser Stickstoffatom den tierischen Organismus und erfüllt bald da, bald dort bestimmte Aufgaben, um schließlich in Form von Harnstoff aus dem Körper entfernt zu werden.

Unser Stickstoff findet sich eines schönen Tages im Ackerboden wieder. Er ist aus der Verbindung Harnstoff mit Wasserstoff zusammen entfernt worden. Dann führen das gebildete Ammoniak Bewohner des Erdbodens mit Sauerstoff zusammen. Es ist Salpetersäure entstanden, die als Natrium- oder Kaliumsalz von Wurzelzellen aufgenommen und bestimmten Zellen jener Pflanze, zu der die in den Boden versenkten Ausläufer (Wurzeln genannt) gehören, zugeführt wird. An Stelle von Sauerstoff wird nunmehr von Pflanzenzellen unserem Stickstoffatom Wasserstoff beigegeben. Nun erfüllt unser Stickstoffatom im neuen Organismus die mannigfaltigsten Aufgaben, bis schließlich dieser zugrunde geht. Die Pflanze verwelkt, vermodert. Zellfermente reißen die zusammengesetzten Verbindungen auseinander. Von allen Seiten nahen sich gierig Lebewesen, um aus dem Trümmerhaufen verwendbare Substanzen zu übernehmen. Unser Stickstoffatom ist in einen Mikroorganismus hineingeraten, der ihn kurzerhand aller seiner mit ihm verbundenen Atome beraubt und ihn in die Luft hinausjagt.

Jahrhundertelang ist nun unser Stickstoffatom wieder frei, bis eines schönen Tages ihm Sauerstoff zugesellt wird. Eine heftige elektrische Entladung (Gewitter) hat die Energie aufgebracht, um unser Stickstoffatom mit Sauerstoff zu vereinigen. In Form von salpetriger Säure wird er nun im Regen dem Erdboden zugeführt. Unser Stickstoffatom hat aber Glück. Es wird rasch in Form von Salpeter in eine Pflanze übergeführt und vollführt in dieser von neuem ein sehr wechselvolles Leben.

Besonders gerne erzählt unser Stickstoffatom das folgende Ereignis. Eine Pflanze hatte ihn, wie üblich, in Form von Salpeter aufgenommen, ihm den Sauerstoff genommen und Wasserstoff angefügt, darauf war ihm im Handumdrehen Kohlenstoff hinzugesellt worden, und schließlich schwebte unser Stickstoffatom mit vielen anderen Elementen in einem wundervollen Bau als ein wichtiger Baustein, angezogen von ihm unfaßbaren Kräften. Es waren noch viele andere ähnliche „Bauten" zugegen, auch schossen Ionen und sonstige Substanzen herum. In fester Beziehung standen alle Zellinhaltsstoffe mit Wasserteilchen. Ruhe gab es keine. Es war immer etwas los, bald traten neue Stoffe hinzu, bald wurden diese zerlegt, bald fanden sich Atomgruppen zusammen. Oft entstand eine ganz ordentliche Wärme bei all diesen Vorgängen. Oft kam Besuch von außen. Herrliche Schmetterlinge, fleißige Bienen, manchmal auch tölpisch sich benehmende Käfer sprachen vor — ich war nämlich in einem Pollenstäubchen enthalten und konnte in einer wundervoll geformten und gefärbten Blüte alle Vorgänge gut verfolgen. Herrlicher Duft entstieg der Blüte. Eben war wieder Besuch einer Biene da. Sie arbeitete sich mit ihren behaarten Beinen energisch in die Tiefe. Dabei streifte sie Pollenstaub von der Unterlage ab und entführte ihn. Unser Stickstoffatom fand sich, nachdem es einen Flug durch die Luft an einem Bein der Biene mitgemacht hatte, in einer anderen Blüte einer anderen Pflanze auf einem eigentümlichen Gebilde wieder. Sofort begann lebhafte Tätigkeit. Unser Pollenkörnchen strebte der im Inneren verborgenen Eizelle zu. Kaum war dieses Ziel im Stempel der Blüte erreicht, so vollzogen sich nochmals unter geschäftigem Treiben tiefgehende Umwälzungen. Dann herrschte Ruhe. Unser Stickstoffatom war Teil eines „Samens" geworden. Es hatte den Eindruck, als wäre jedes Leben entflohen. Die Zeit verging, ohne daß sich etwas Besonderes ereignet hätte. Da geriet unser Stickstoffatom mit dem Samenkorn in feuchten, warmen Erdboden. Das war das Signal zur Auferstehung! So etwas hatte unser Stickstoffatom noch nicht miterlebt. In rascher Reihenfolge wurden Reservestoffe zerlegt und „flüssig" gemacht. Zelle auf Zelle wurde gebaut. In kurzer Zeit erhob sich eine Pflanze aus dem Boden. In den Boden waren zuvor Wurzeln zur Nahrungsaufnahme versenkt worden. Bald ergrünte der über den Erdboden der Sonne entgegengestreckte Teil der Pflanze. Die Kohlensäureassimilation setzte ein, und nun erreichte die Zelltätigkeit ihre Höhepunkte. Am Tage wurde unausgesetzt Energie gespeichert unter Bildung organischer Substanz. In der Nacht wurde diese Tätigkeit stillgelegt, und dafür fanden umfassende Stofftransporte und Stoffumwandlungen statt. Unsere Pflanze trieb Blütenknospen, und schließlich entfaltete sich eine wundervolle Blüte. Wie staunte unser Stickstoffatom, als es eine ganz andere Blütenform und -farbe vor sich sah! Es war seinerzeit mit dem Pollen mit Eizellen in Beziehung getreten, die zwar der gleichen Pflanzenart angehörten, jedoch hatte die Trägerin jener Eizellen eine ganz andere Farbe und auch eine andere Blütenform. Nun erfuhr unser Stickstoffatom, welche Macht es im Verbande mit anderen Elementen und Verbindungen erreicht hatte. Es war mitbestimmend bei der Übertragung neuer Eigenschaften auf jene Eizelle geworden. Dieser Umstand hat sich ihm tief eingeprägt! Eine neue Generation war entstanden, aus der sich bei weiterer Fortpflanzung mittels Pollen und Eizellen unter geeigneten Bedingungen Nachkommen entwickeln, die ganz gesetz-mäßig Eigenschaften der Eltern, bei denen die erste Kreuzung stattfand, wieder in reiner Form zeigen. Gleichzeitig entstehen Mischformen. So hatte unser Stickstoffatom einen flüchtigen Blick in die Wunder der Vererbung und ihre Gesetzmäßigkeiten getan!

Und nun kreist unser Stickstoffatom weiter, bald ist es Bestandteil von Tieren, bald Baustein von Bodenbakterien, bald Inhaltsstoff von Zellen hochorganisierter Pflanzen, bald hilft es in einer Gehirnzelle mit, höchste Aufgaben zu erfüllen, bald ist es mit Kohlenstoff, Wasserstoff und Sauerstoff zusammen in einem Sinnesorgan tätig und vermittelt uns so die Außenwelt und baut alles das in unserem Gehirn auf, was dessen Inhalt an Vorstellungen, Erinnerungen usw. ausmacht, bis wieder dieser ganze Reigen jäh unterbrochen wird, indem Lebewesen, die freien Stickstoff aus

Verbindungen abzuspalten vermögen, ihn wieder der Atmosphäre überantworten.

Vielleicht wären noch unendlich viele Jahrtausende vergangen, bis unser Stickstoffatom wieder in den Kreislauf zwischen den verschiedenen Organismenarten der Erde eingespannt worden wäre. Es hatte aber Pech und ließ sich mit Wasserstoff zusammen in einem großen Kessel einfangen. Unser Stickstoffatom kümmerte sich zunächst wenig um die es umgaukelnden Wasserstoffatome. Es fühlte so gar keine Neigung, mit diesen eine Verbindung einzugehen. Da ereignete sich etwas Furchtbares. Die Bedingungen in dem Raume änderten sich von Sekunde zu Sekunde. Immer mehr Stickstoff- und Wasserstoffatome wurden in den Raum hineingedrängt. Was war bloß geschehen? Es wurde unerträglich warm. Es fand eine ganz enorme Drucksteigerung statt. Unser Stickstoffatom wurde mit Gewalt zur Verbindung mit Wasserstoffatomen gebracht. Ein Aufatmen der Erleichterung geht durch den Raum! Der Druck läßt nach. Die Temperatur sinkt. Zum Schlusse finden wir unser Stickstoffatom in Form von Ammoniak wieder. Es wird in dieser Form, z. B. verbunden mit Schwefelsäure oder in Harnstoff verwandelt, auf einen Wagen geladen und mit vielen Schicksalsgenossen zusammen auf Ackerboden ausgestreut. Unter der Einwirkung von Wasser versinkt unser Stickstoffatom als Ammonsalz im Erdboden. Da naht sich ihm in Gestalt von Mikroorganismen ein ihm bereits gewohntes Schicksal. Wieder wird es mit Sauerstoff vereinigt und in Form von Salpeter von einer Pflanze aufgenommen. Der Reigen seiner Funktionen beginnt von neuem. Unser Stickstoffatom ist den Fortschritten der Technik anheim gefallen. Es ist dieses Mal nicht von den den Erdboden bewohnenden Lebewesen gefesselt worden, vielmehr hat Menschengeist ihm seine Freiheit geraubt und es gewaltsam mit Wasserstoff vereinigt und damit in den Kreislauf des Lebens hineingezwungen!

In gleicher Weise wie für den Kohlenstoff und den Stickstoff ließe sich die Geschichte des Sauerstoffs, des Wasserstoffs, des Schwefels, Phosphors, Kaliums, Natriums, Magnesiums, Kalziums, Eisens usw. usw. schildern. Eine an sich kleine Anzahl von Elementen ist unerschöpflich in der Schaffung von Formen und unendlich mannigfaltig in der Bereitstellung von Bedingungen für die mannigfaltigsten Funktionen. Kein einzelnes Element und auch keine Verbindung aus solchen bedeutet Leben!

Es gibt kein lebendes Eiweiß, kein lebendes Kohlenhydrat usw.
— Leben ist die Summe aller Eigenschaften der im Zellinhalt
vorhandenen Stoffe in ihrem so fein abgestimmten Wechselspiel.
Ist das Leben entfacht, d. h., ist eine bestimmte Konstellation
der einzelnen Stoffe in jenem Verbande, den wir Protoplasma
nennen, eingetreten, dann vollziehen sich automatisch ungezählte
Funktionen, von denen die eine die andere bedingt. Zäh hält die
Zelle ihren Bestand fest, streng überwacht sie die Innehaltung
bestimmter Bedingungen, wie Temperatur, Innendruck, Reaktion,
Zustandsform, elektrische Ladung usw. Fortwährend kommt es
zu Verschiebungen von Gleichgewichten, gegen die Gegenmaßnahmen ausgelöst werden. Das Leben ist Kampf in jeder Zelle
um nie ganz erreichbare Endgleichgewichte. Die Rätsel des
Lebens sind noch ungelöst! Nur das eine wissen wir, sie waren,
solange es Lebewesen gibt, immer die gleichen.

In Wirklichkeit ist die Geschichte jedes einzelnen Elementes
unendlich viel bewegter und interessanter als es oben geschildert
wurde! Der Reigen des Lebens und des Todes, die beide eng
verschlungen in ewigem Wechsel sich ablösen, knüpft sich nicht
nur in der geschilderten Weise! Unser Kohlen- und Stickstoffatom
kann mit anderen Elementen Bestandteil eines Mikroorganismus
sein, das seinen Nährboden nicht im Ackerboden sucht und auch
nicht in friedlichem Zusammenwohnen mit Wurzelzellen sich
ernährt, wie das z. B. bei den Wurzelbakterien der Fall ist, sondern
auf lebendem Gewebe sich ansiedelt unter Eröffnung eines Kampfes
auf Leben und Tod! Wir sprechen von einer Infektion. In unserem Organismus tritt zu unseren, unter sich in allen Einzelheiten
aufeinander abgestimmten Zellen, ein fremder Zellstaat. Seine
Glieder treiben Raubbau. Mit eigenen Werkzeugen (Fermenten)
wird das in den von ihnen befallenen Zellen vorhandene Material
zerlegt. Es vollzieht sich eine regelrechte Verdauung. Dabei entstehen Produkte, die unseren Zellen nicht vertraut sind. Sie gelangen in die Blutbahn und bewirken im infizierten Organismus
allerlei Gegenwirkungen. Es werden Wanderzellen ausgesandt,
um den Feind zu bekämpfen. Die fremdartigen Stoffe werden
so verändert, daß größerer Schaden abgewandt wird. Die Lebensbedingungen für die Eindringlinge werden immer ungünstiger.
Sie gehen zugrunde. Dabei kommt manches Produkt zur Aufnahme, das für die Zellen des befallenen Organismus nicht gleich-
gültig ist und zu erneuten Schutzmaßnahmen führt.

Nicht immer siegt der befallene Organismus! Oft unterliegt er! Der Lebensfaden eines Organismus wird zu früh abgeschnitten, — und doch dient sein Tod nur zur Ermöglichung des Lebens ungezählter anderer Organismen. Das Schicksal schreitet über das einzelne Individuum achtlos hinweg. Ihm gelten nur die großen, Millionen von Jahren umfassenden Zusammenhänge! Da, wo der Tod eben reiche Ernte hielt, erhebt sich neues, blühendes Leben!

Besonders reizvoll gestaltet sich das Erleben für Kohlenstoff- und Stickstoff und andere Elemente, wenn sie teilhaben dürfen an jenem eigenartigen Vorgang, den wir mit Karl Ernst von Baer als Leben über das Individuum hinaus bezeichnen können, und den wir bei der Pflanze oben kurz gestreift haben. Eine winzige Eizelle und ein noch winzigeres Samenfädchen vereinigen sich, und schon ist das Schicksal für ein neues Lebewesen besiegelt! Die Eizelle teilt sich, es entstehen immer mehr Zellen. Es kommt zur Selbstdifferenzierung. Es entstehen Organe mit besonderen Aufgaben, und schließlich nimmt der selbständig gewordene Organismus den Kampf mit dem Leben auf! Er ist für das einzelne Individuum sehr ungleich! Jedes einzelne stellt die Resultante einer ganzen Ahnenreihe dar! Es sind bei der Befruchtung bestimmte Eigenschaften übertragen worden: Vererbung! Wir können unser Schicksal nur teilweise selbst schmieden! Unser Körper hat eine Konstitution, die über Generationen zurückreicht. Hier haben wir Leben vor uns, das nicht vom Tode vermittelt wurde, sondern Leben, das Leben weiter zeugt! Diese Kontinuität bewirkt, daß bei der Vermischung der in die Eizelle hineingelegten Eigenschaften mit denen der Samenzellen etwas heraussprießt, das in jedem Falle neu ist und doch wieder in vieler Hinsicht auf den Vorfahren sich aufbaut. Würde jeder einzelne von uns sich klar bewußt, daß er berufen ist, über sich hinaus in die Zukunft hineinzuleben, dann würde er ganz gewiß sein Leben so gestalten, daß nicht wertvolle Erbmassen durch Vergiftungen (Alkohol, Tabak u. dgl.) und durch vermeidbare Infektionen, wie vor allem durch Syphilis, entwertet wird[1]).

Der Biologe kennt keinen Zeitbegriff! Für ihn sind Vergangenheit, Gegenwart und Zukunft eine Einheit! Der Geologe und

---

[1]) Vgl. hierzu Emil Abderhalden: Das Recht auf Gesundheit und die Pflicht sie zu erhalten. S. Hirzel, Leipzig 1921.

Paläontologe blättern in der Weltgeschichte. Sie sichern die Grenzen der Zeiten. Sie interessiert das Alter der Erde und ihr Schicksal bis heute und auch ihre Zukunft. Sie suchen nach Unterschieden. Wir verknüpfen mit der Betrachtung des ewigen Reigens der Energieformen und der Stoffe in der belebten und unbelebten Natur unermeßlich große Zeiträume und stecken unsere Grenzpfähle da ein, wo das Leben begonnen hat und kümmern uns einstweilen noch nicht um den Punkt, in dem der zweite Pfahl einzusetzen ist, das ist jene Grenze, in der zum letztenmal Kohlensäure zu organischen Verbindungen aufgebaut und Pflanzen Sauerstoff ausgeatmet haben. Möglich, daß die Grenze sich für den tierischen Organismus sich um eine Spur verschiebt, indem er noch für kurze Zeit der toten Pflanzenwelt Lebensenergie entreißt, möglich, daß manche, sehr bedürfnislosen Lebewesen der Mikrowelt Pflanze und Tier überdauern, viel würde das an der Lebensgrenze nicht ändern. Wir kennen diese Grenze nicht! Nur das eine wissen wir, Beginn und Ende des Lebens schließen biologische Vorgänge ein, die in den Grundlinien sich gleich sind!

In jede Zelle sind Vorrichtungen hineingelegt, die, einmal in Gang gebracht, selbststeuernd alle jene so mannigfaltigen Erscheinungen bewirken, die wir als Lebensfunktionen bezeichnen. Aufnahme von Stoffen und Abgabe von solchen folgen sich in geregelter Weise. All die so vielgestaltigen Umsetzungen mit all. ihren besonderen Wirkungen vollziehen sich in Abhängigkeit von bestimmten Geschehnissen in der Zelle. Die Selbststeuerung — ein Begriff, den bereits Hering zur Erklärung von biologischen Vorgängen gebildet hat — bleibt bestehen, wenn aus dem einzelligen Lebewesen ein vielzelliges wird. Die verschiedenartigsten Zellarten, die in Organen zusammengefaßt sind, werden durch eine Fülle von Einrichtungen einem Ziele unterstellt — der Erhaltung des Lebens. Sendboten durcheilen den Organismus und greifen bald hier, bald dort in Zellvorgänge ein. In Nervenbahnen werden Anregungen übertragen. Diese Selbststeuerung, die die einzelne Zelle wie den kompliziertest zusammengesetzten Organismus beherrscht, greift weit über das einzelne Individuum hinaus. Alle Organismenarten stehen unter sich in Wechselbeziehung. Darin kommt wieder eine Selbst-

steuerung in der gesamten Natur und im gesamten Weltall zum
Ausdruck. Unser Verstand kann nicht erfassen, wie die zu
einer Zelle zusammengehörenden Stoffe sich zusammengefunden
haben, und wie jener Vorgang zu denken ist, der der ersten Zelle
die Selbststeuerung in die Hand gab. Einmal muß das Leben
entstanden sein! Seitdem pflanzt es sich fort — ewig sich gleich-
bleibenden Gesetzen folgend! Als Motor dient der ganzen Organismenwelt die Sonnenenergie. Sie beherrscht in mannigfachen
Formen alle mit Energieumsatz verbundenen Vorgänge der Zellen
der gesamten Erde.

Die Grundlagen unserer Ernährung und unseres Stoffwechsels.
Von Professor Dr. Emil Abderhalden, Direktor des Physiologischen
Instituts der Universität Halle a. S. Dritte, erweiterte und umgearbeitete Auflage. Mit 11 Textfiguren. (174 S.) 1919.
3.40 Goldmark / 0.80 Dollar

Nahrungsstoffe mit besonderen Wirkungen unter besonderer Be-
rücksichtigung der Bedeutung bisher noch unbekannter Nahrungsstoffe für die Volksernährung. Von Professor Dr. med. et phil. h. c.
Emil Abderhalden, Geheimer Medizinalrat, Direktor des Physiologischen
Instituts der Universität Halle a. S. („Die Volksernährung." Ver-
öffentlichungen aus dem Tätigkeitsbereiche des Reichsministeriums
für Ernährung und Landwirtschaft. Herausgegeben unter Mitwirkung
des Reichsausschusses für Ernährungsforschung, Heft 2.) (26 S.) 1922.
0.30 Goldmark / 0.10 Dollar

Die Abderhaldensche Reaktion. Ein Beitrag zur Kenntnis von Sub-
straten mit zellspezifischem Bau und der auf diese eingestellten Fermente und zur Methodik des Nachweises von auf Proteine und ihre
Abkömmlinge zusammengesetzter Natur eingestellten Fermenten. Von
Professor Dr. med. et phil. h. c. Emil Abderhalden, Direktor des Physiologischen Instituts der Universität Halle a. S. (Fünfte Auflage
der „Abwehrfermente".) Mit 80 Textabbildungen und 1 Tafel. (378 S.)
1922. 13.25 Goldmark / 3.15 Dollar

Physiologisches Praktikum. Chemische, physikalisch-chemische, phy-
sikalische und physiologische Methoden. Von Geh. Med.-Rat Professor
Dr. med. et phil. h. c. Emil Abderhalden, Direktor des Physiologischen
Instituts der Universität Halle a. S. Dritte, neubearbeitete und
vermehrte Auflage. Mit 310 Textabbildungen. (362 S.) 1922.
12.60 Goldmark / 3 Dollar

Praktische Übungen in der Physiologie. Eine Anleitung für Stu-
dierende. Von Dr. L. Asher, ord. Professor der Physiologie, Direktor
des Physiologischen Instituts der Universität Bern. Mit 21 Textfiguren. (212 S.) 1916. 6.30 Goldmark / 1.50 Dollar

Lehrbuch der Physiologie des Menschen. Von Dr. med. Rudolf
Höber, o. ö. Professor der Physiologie und Direktor des Physiologischen
Instituts der Universität Kiel. Dritte, neubearbeitete Auflage. Mit
256 Textabbildungen. (266 S.) 1922.
Gebunden 18 Goldmark / Gebunden 4.30 Dollar

Grundlehren der allgemeinen Physiologie. Von Sir William Mad-
dock Bayliss, Professor der Allgemeinen Physiologie an der Universität
London. In deutscher Übersetzung von Dr. E. F. Lesser, Städt.
Krankenanstalten in Mannheim. Mit etwa 200 Abbildungen.
Erscheint Anfang 1925

Kurzes Lehrbuch der Physiologischen Chemie. Von Dr. Paul Hári,
o. ö. Professor der Physiologischen und Pathologischen Chemie an
der Universität Budapest. Zweite, verbesserte Auflage. Mit 6 Textabbildungen. (364 S.) 1922. Geb. 11 Goldmark / Geb. 2.65 Dollar

Theoretische Biologie vom Standpunkt der Irreversibilität des elementaren Lebensvorganges. Von Professor Dr. **Rudolf Ehrenberg,** Privatdozent für Physiologie an der Universität Göttingen. (354 S.) 1923. 9 Goldmark; gebunden 10 Goldmark / 2.15 Dollar; gebunden 2.40 Dollar

Biologie des Menschen. Aus den wissenschaftlichen Ergebnissen der Medizin für weitere Kreise dargestellt. Unter Mitwirkung von Dr. L e o H e ß , Prof. Dr. H e i n r i c h J o s e p h , Dr. A l b e r t M ü l l e r , Dr. K a r l R u d i n g e r , Dr. P a u l S a x l , Dr. M a x S c h a c h e r l . Herausgegeben von Dr. **Paul Saxl** und Dr. **Karl Rudinger.** Mit 62 Textfiguren. (396 S.) 1910. 8 Goldmark / 1.95 Dollar

Allgemeine und spezielle Physiologie des Menschenwachstums. Für Anthropologen, Physiologen, Anatomen und Ärzte dargestellt von Privatdozent Dr. **Hans Friedenthal,** Berlin-Nicolassee. Mit 34 Textabbildungen und 3 Tafeln. (171 S.) 1914. 8.40 Goldmark / 2 Dollar

Der Begriff der Genese in Physik, Biologie und Entwicklungsgeschichte. Eine Untersuchung zur vergleichenden Wissenschaftslehre. Von Dr. **Kurt Lewin.** Mit 45 zum Teil farbigen Textabbildungen. (254 S.) 1922. 8 Goldmark / 1.95 Dollar

Umwelt und Innenwelt der Tiere. Von Dr. med. h. c. I. von **Uexküll.** Z w e i t e , vermehrte und verbesserte Auflage. Mit 16 Textabbildungen. (230 S.) 1921. 9 Goldmark; gebunden 12 Goldmark / 2.15 Dollar; gebunden 2.90 Dollar

Die angewandte Zoologie als wirtschaftlicher, medizinisch-hygienischer und kultureller Faktor. Von Professor Dr. **J. Wilhelmi,** wissenschaftlichem Mitglied der Landesanstalt für Wasserhygiene in Berlin-Dahlem. (96 S.) 1919. 2.50 Goldmark / 0.60 Dollar

Einführung in die Experimentalzoologie. Von Professor Dr. Bernhard **Dürken.** (Zoologisch-Zootomisches Institut der Universität Göttingen.) Mit 224 Textabbildungen. (255 S.) 1919. 17 Goldmark / 4.10 Dollar

Die Variabilität niederer Organismen. Eine deszendenztheoretische Studie. Von Dr. **Hans Pringsheim.** (224 S.) 1910. 7 Goldmark / 1.70 Dollar

Neue Bahnen in der Lehre vom Verhalten der niederen Organismen. Von Dr. **Friedrich Alverdes,** Privatdozent für Zoologie an der Universität Halle a. S. Mit 12 Abbildungen. (68 S.) 1922. 2.35 Goldmark / 0.55 Dollar

Die Struktur der Materie
in Einzeldarstellungen

Herausgegeben von

Prof. Dr. M. Born und Prof. Dr. J. Frank

Direktor des Instituts für theoretische Physik   Direktor des zweiten physikalischen Instituts
der Universität Göttingen   der Universität Göttingen

Die Sammlung „Struktur der Materie" bringt in knappen, voneinander unabhängigen Bänden eine Darstellung aller für die moderne Atomphysik wichtigen Gebiete der Physik. Sie ist nicht nur zum Studium der erforschten Gebiete bestimmt, sondern soll auch dem experimentierenden oder rechnenden Physiker bei neuen Untersuchungen helfen. Daher ist für jedes einzelne Gebiet ein Autor gewonnen worden, der durch eigene Arbeiten die Forschung gefördert hat und als Autorität gelten darf.

Band I:

Zeemaneffekt und Multiplettstruktur der Spektrallinien. Von Dr. E. Back, Privatdozent an der Universität Tübingen, und Prof. Dr. A. Landé, o. Professor an der Universität Tübingen. Mit 30 Textabbildungen und 2 Tafeln.   Erscheint im Herbst 1924

Band II:

Vorlesungen über Atommechanik. Von Prof. Dr. Max Born, Direktor des Instituts für theoretische Physik der Universität Göttingen unter Mitwirkung von Friedrich Hund Erster Band. Mit etwa 43 Textabbildungen.   Erscheint Ende 1924

Der Aufbau der Materie. Drei Aufsätze über moderne Atomistik und Elektronentheorie. Von **Max Born.** Zweite, verbesserte Auflage. Mit 37 Textabbildungen. (92 S.) 1922.   2 Goldmark / 0.50 Dollar

---

Über den Bau der Atome. Von Niels Bohr. Zweite, unveränderte Auflage. Mit 9 Abbildungen. (60 S.) 1924.   1.50 Goldmark / 0.40 Dollar

---

Die Entwicklung der Atomistik. Festrede, gehalten am Stiftungstage der Kaiser-Wilhelms-Akademie für das militärärztliche Bildungswesen 2. Dezember 1912. Von Heinrich Rubens. (40 S.) 1913.
1 Goldmark / 0.25 Dollar

Raum — Zeit — Materie. Vorlesungen über allgemeine Relativitätstheorie. Von Hermann **Weyl.** Fünfte, umgearbeitete Auflage. Mit 23 Textfiguren. (346 S.) 1923.   10 Goldmark / 2.40 Dollar

---

Was ist Materie? Zwei Aufsätze zur Naturphilosophie. Von **Hermann Weyl.** Mit 7 Abbildungen.   Erscheint im November 1924